iNfO
GraPhie

LA TRANSITION ÉNERGÉTIQUE ?

PATRICK PIRO

cité des sciences & de l'industrie
Belin

CRÉDITS PHOTOGRAPHIQUES

Couverture © Peshkova/iStock/Thinkstock et © cjruslan © andromina/Fotolia.com – p. 8 © iStock/Thinkstock/miakievy-incomible-serazeldinov-nidwlw – p. 11 scan by Armin Kübelbeck – p. 16 © Ivan Kashinsky /PANOS-REA – p. 19 © Photo IFP – p. 24 © Bruce Gordon/EcoFlight – p. 29 © Paul Langrock /ZENIT-LAIF-REA – p. 34 © radoma/Fotolia.com – Dacian_G/iStock/Thinkstock – p. 47 © Eduardo Martino/PANOS-REA – p. 49 © Gewoldi /iStock/Thinkstock – p. 54 © iStock/Thinkstock/martin-graphicsdunia4you-Varijanta et Hemera/Thinkstock/Mitar Vidakovic – p. 67 © Laurent Grandguillot/REA.

CONCEPTION GRAPHIQUE ET RÉALISATION

Rampazzo et Associés

www.rampazzo.com

Direction artistique et illustrations d'ouverture : Virginie Fauré

Infographies : Thomas Haessig

www.tessig.ultra-book.com

ISBN 978-2-7011-8314-5

LA TRANSITION ÉNERGÉTIQUE ?

Patrick Piro

Sortir de l'impasse énergétique

Toute action, de quelque nature qu'elle soit, consomme de l'énergie. Cultiver, transporter, construire, serrer une main. La vie, par essence, n'existe que dans la mesure où un organisme dispose d'une source d'énergie pour élaborer des tissus, contrôler sa température, bouger, penser, etc. L'énergie, nécessité omniprésente : si c'est une banalité de le dire, encore faut-il en avoir pleinement conscience pour apprécier l'enjeu pour l'humanité que représente son accès dans les années à venir. Tant que nos sociétés sont restées modestement peuplées et encore peu exigeantes en services divers et variés, la traction animale, la combustion de végétaux, l'écoulement des rivières, le souffle du vent, etc., ont pourvu à leurs besoins. La source de ces énergies : le soleil, qui fait pousser l'herbe ruminée par le bœuf et alimente le moteur de la machine atmosphérique. Une source inépuisable à l'échelle de l'humanité : la grosse boule aurait encore pour quatre milliards d'années de réserve d'hydrogène.

Le problème de l'humanité est ailleurs. Il se noue à la Révolution industrielle. L'ère des machines prend son essor lorsqu'on découvre et que l'on parvient à exploiter d'immenses réserves d'hydrocarbures – pétrole, gaz, charbon. Énergie dites « fossiles » en raison de leur élaboration à des âges très reculés , gisant dans leurs nappes, poches, veines, elles sont à disposition, énergies « de stock » par opposition aux sources « de flux » que sont le rayonnement solaire ou le vent (intermittents), les matières végétales (saisonnières), etc. Pétrole, gaz, charbon peuvent être transportés et emmagasinés sur les lieux où ils seront consommés. Et puis ces combustibles fossiles sont d'exceptionnels concentrés d'énergie. Quarante litres d'essence permettent de déplacer un véhicule d'une tonne sur 800 kilomètres. Pour obtenir la même performance avec un moteur électrique, il faut un volume ou un poids de batteries dix à vingt fois plus important !

Il n'y a pas si longtemps, les réserves de combustibles fossiles étaient tenues pour fabuleuses. Pensons que dans les années 1960 des énergéticiens étasuniens rêvaient d'en arriver à la conclusion « too cheap to meter » : l'énergie serait tellement abondante et bon marché qu'il deviendrait trop coûteux d'installer des compteurs pour la mesurer et la facturer. Il est vrai qu'alors, le pétrole coulait à flot et que la consommation énergétique mondiale semblait être vouée à croître de façon exponentielle...Cette vision d'un monde toujours plus consommateur d'énergie a structuré toute la pensée occidentale, notamment depuis l'après-guerre. Ainsi, au début des années 1970, le patron d'EDF prévoyait que la France aurait besoin de 200 réacteurs nucléaires pour faire face à ses besoins électriques à l'horizon 2000. Notre pays, le plus dépendant du nucléaire au monde, en compte quatre fois moins aujourd'hui...

> « Dans les années 60, certains rêvaient d'une énergie tellement abondante qu'il deviendrait trop coûteux d'installer des compteurs pour la facturer. Émerveillements du passé... »

Le mythe de la corne d'abondance perdure encore actuellement : une partie du monde de l'énergie se refuse à considérer que la source des combustibles fossiles pourrait se tarir un jour proche, puisque l'on continue à découvrir des gisements dans le monde. Pourtant, le temps des émerveillements « hydrocarburés » appartient désormais bel et bien au passé : nous sommes aujourd'hui de plus en plus durement confrontés aux inconvénients de ces ressources, qui représentent plus de 80 % de

l'énergie que l'humanité consomme.
Tout d'abord, nous sommes rattrapés par l'évidence que tout stock finit par être frappé d'épuisement. La préoccupation touche aujourd'hui surtout le pétrole, ce qui n'est pas une consolation tant il joue un rôle essentiel non seulement dans le monde de l'énergie mais aussi de la chimie ou de l'agriculture (engrais, pesticides…). Nous sommes entrés dans l'ère de la raréfaction de « l'or noir ». Ensuite, la localisation inéquitable des ressources fossiles est un facteur croissant de tensions géopolitiques. Les « guerres du Golfe » des dernières décennies avaient pour justification plus ou moins avouée la sécurisation des champs pétroliers du Moyen-Orient, dont l'Occident est extrêmement dépendant. Enfin, et avant tout peut-être, la combustion du pétrole, du charbon et du gaz est émettrice de gaz carbonique (CO_2), le principal des gaz à effet de serre, ce qui dérègle le climat terrestre.

« La question principale n'est pas celle des sources alternatives aux énergies fossiles. C'est de savoir comment faire muter le système sans trop de heurts économiques et sociaux. »

Mentionnons également l'impact sanitaire dramatique des pollutions provoquées par ces combustions. Particules fines, dérivés soufrés, nitrés, etc., toute une chimie rejetée dans l'atmosphère et aspirée par nos poumons, à laquelle on attribue des centaines de milliers de morts prématurées chaque année.
L'humanité, en faisant le choix de s'en remettre sans retenue aux énergies fossiles, est confrontée en ce début de XXIe siècle à un problème de premier ordre, que ne règleront pas des ajustements à la marge. Le défi consiste ni plus ni moins à procéder, à l'horizon 2050, à une mutation complète des systèmes énergétiques. Et la question principale n'est pas celle des options de substitution, ni de leur abondance : il existe des dizaines de sources alternatives aux fossiles, quasi inépuisables – rayonnement solaire, vent, courants marins, géothermie, biomasse, etc. Le problème est ailleurs : comment faire muter le système sans trop de heurts économiques et sociaux, à quels coûts, avec le moins de risques possibles ? En d'autres termes : comment inventer la « transition énergétique » qui débarrassera nos sociétés des combustibles fossiles auxquels elle est dopée, pour l'installer à temps dans un nouveau modèle fiable, durable, écologique, équitable ?
Cette question est au cœur du présent ouvrage. Cependant, il ne s'agit pas ici de brosser une énième chronique catastrophiste sur l'air de « nous allons dans le mur » : les constats sont bien établis, nous ne ferons que les rappeler de manière à cerner la profondeur des enjeux et à justifier l'ambition des changements à mettre en branle. Encore une fois, toutes les solutions technologiques existent déjà, elles sont à portée de main. La transition énergétique n'est pas l'utopie de doux rêveurs, c'est « juste » un bon chemin à tracer, un scénario à mettre en musique, certes ambitieux, mais dont la conclusion heureuse tiendra avant tout au volontarisme des décideurs, à la créativité des techniciens et des gestionnaires, à l'intelligence collective – individus, institutions, entreprises…

« Oui des solutions existent ! Non elles ne sont ni utopiques, ni obscurantistes. »

Avec une bonne nouvelle pour la route : renverser la vapeur ne signifie pas le retour au cheval de trait. Dans son essence, la transition énergétique porte le projet d'une société gagnée par l'intelligence énergétique pour le mieux-être de la planète et du plus grand nombre. En 2050, nous vivrons mieux, dans des maisons confortables et sobres, nous nous déplacerons de manière plus raisonnée, nous nous alimenterons plus sainement, nous produirons à bien meilleur escient. Une ambition exaltante pour l'humanité…

INTRODUCTION… EN IMAGES

L'HUMANITÉ EST DROGUÉE AUX COMBUSTIBLES FOSSILES

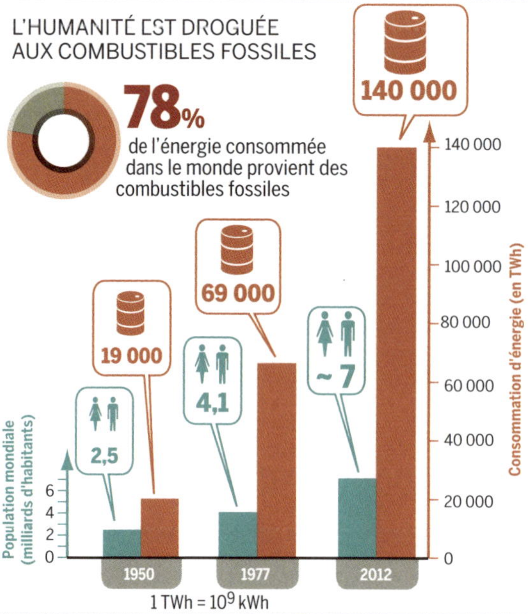

LES COMBUSTIBLES FOSSILES SONT D'INCROYABLES CONCENTRÉS D'ÉNERGIE

QUANTITÉ D'ÉNERGIE LIBÉRÉE LORS DE LA COMBUSTION (EN MJ)

LES COMBUSTIBLES FOSSILES SONT INÉGALEMENT RÉPARTIS

Moins de 200 ans, c'est la durée de vie probable de l'ère des combustibles fossiles. Un battement de cil à l'échelle des temps géologiques : les gisements de pétrole, de gaz et de charbon, que l'alchimie naturelle aura mis jusqu'à 500 millions d'années à élaborer à partir de matière végétale (d'où le nom d'énergie « fossiles »), auront été consommés par l'humanité 2,5 millions fois plus vite qu'il n'auront été produits.

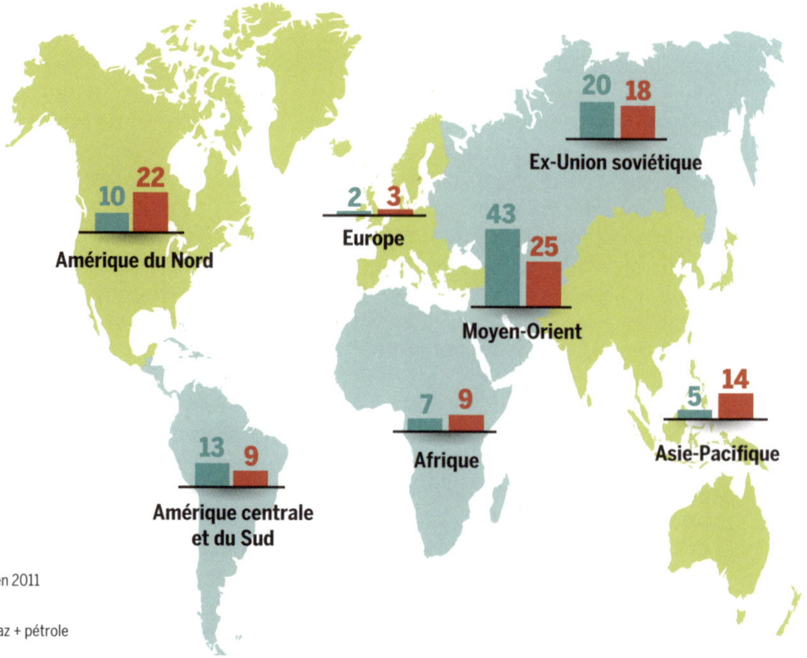

Pays exportateur en 2011
Pays importateur en 2011
13 — % des réserves de pétrole en 2011
9 — % de la production totale gaz + pétrole estimation 2030

BP, 2013

LES COMBUSTIBLES FOSSILES NE SONT PAS INÉPUISABLES

DURÉE DE VIE ESTIMÉE DES GISEMENTS AU RYTHME DE PRODUCTION ACTUEL

World Energy Council, 2010

L'UTILISATION DES COMBUSTIBLES FOSSILES MODIFIE LE CLIMAT TERRESTRE

Pétrole, charbon et gaz sont issus de la lente transformation – en plusieurs dizaines de millions d'années – de grandes quantités de débris végétaux. La matière organique constituant ces végétaux a été élaborée à partir de CO_2 prélevé dans l'atmosphère. Ce CO_2 a donc été pour ainsi dire piégé dans les combustibles fossiles pendant des dizaines de millions d'années. En brûlant pétrole, charbon et gaz fossiles, l'Homme libère ce CO_2 en quelques dizaines d'années. Il s'accumule dans l'atmosphère et provoque une accentuation de l'effet de serre, donc une hausse de la température de surface et, par conséquent, une élévation du niveau des mers. La fonte rapide des glaciers accentue cette hausse.

Évolution des émissions de CO_2 liées à la combustion de combustibles fossiles

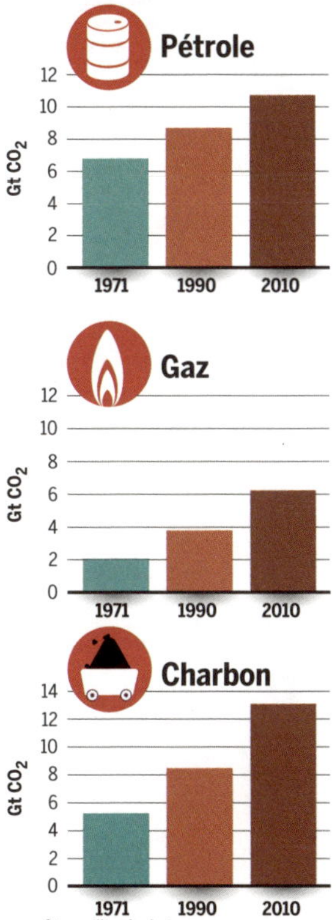

Gt = milliards de tonnes

Quelques données issues du rapport 2014 du GIEC

(Groupe d'experts intergouvernemental sur l'évolution du climat)

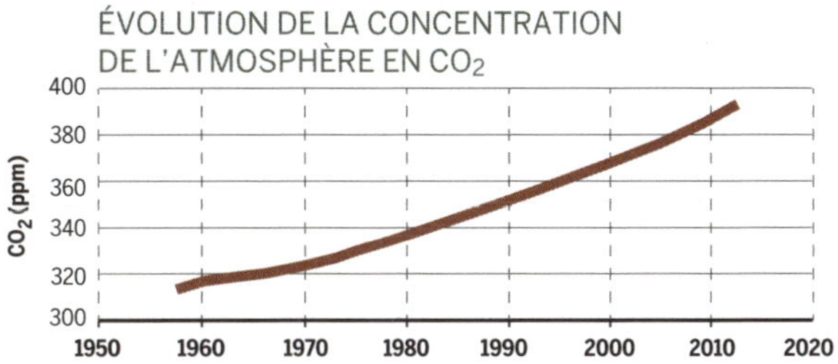

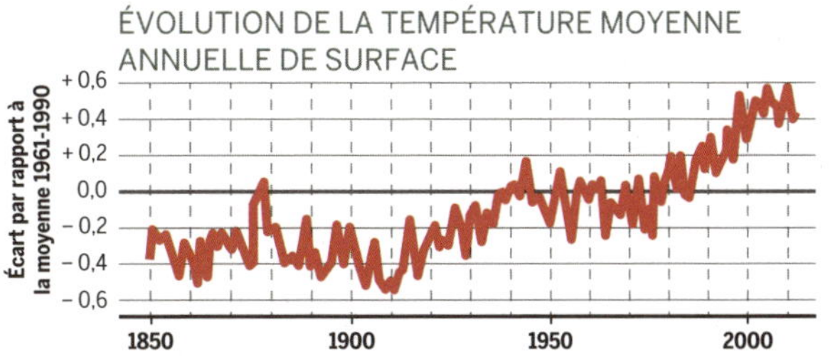

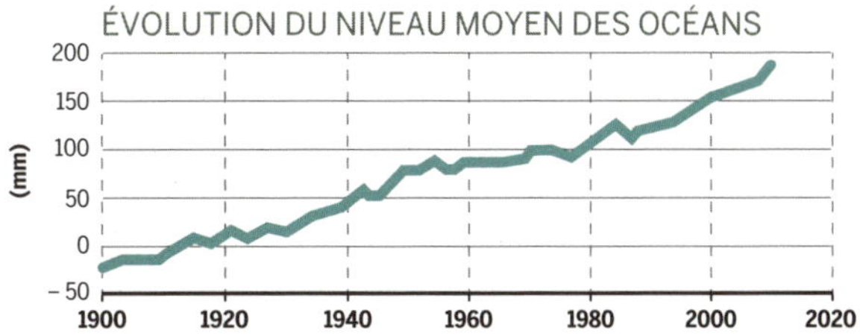

AIE ; Giec, 2014

LA TRANSITION ÉNERGÉTIQUE ?

I. LA BATAILLE DE L'ÉNERGIE, HORIZON 2050

La planète de l'énergie ne tourne pas rond. Nos consommations grimpent imperturbablement, induisant une course à l'augmentation des moyens de production. Les sources fossiles (pétrole, charbon, gaz) dominent outrageusement alors que leurs réserves, sur le déclin, seront largement épuisées au cours du siècle. Et surtout, plus immédiatement préoccupant, leur combustion est responsable de la majeure partie des émissions de gaz à effet de serre qui dérèglent le climat. L'euphorie pétrolière a permis le déploiement extraordinaire de la révolution industrielle, mais aujourd'hui, c'est un cauchemar des fossiles qu'il faut éviter à l'humanité. C'est tout un système énergétique qu'il faut faire muter, radicalement et à l'échelle mondiale. Cette mise en route – la transition énergétique – est aujourd'hui au cœur des débats politiques. Bonne nouvelle : il existe des solutions sûres. Saurons-nous collectivement nous en emparer, et à temps ?

POINTS DE VUE D'EXPERTS

ÇA VA VRAIMENT CHAUFFER !

Le robinet à CO_2 est grand ouvert

Le gaz carbonique (CO_2) est salutaire : sans l'effet de serre qu'il entraîne, la Terre connaîtrait une température moyenne de – 18°C, au lieu de + 15°C. Le problème vient des Hommes, qui ont ouvert en grand le robinet à CO_2, en brûlant des centaines de milliards de tonnes de pétrole, de charbon et de gaz naturel dans des moteurs, des machines, des éclairages… Une combustion qui combine l'oxygène de l'air (O_2) et les atomes de carbone (C) contenus dans ces énergies fossiles, pour produire du CO_2. Les écosystèmes – principalement les océans et les forêts – absorbent une partie de ce CO_2 émis par l'Homme, mais la moitié seulement. L'autre s'accumule dans l'atmosphère, contribuant à l'accroissement de l'effet de serre.

En cours depuis la Révolution industrielle, l'orgie énergétique a provoqué un formidable bond de la teneur en CO_2 de l'atmosphère, passée de 280 parties par millions (ppm) en 1850 à près de 400 aujourd'hui. Un niveau jamais atteint au cours des 800 000 dernières années.

Conséquence : les températures moyennes du globe ont grimpé de près de °C en un siècle. Modeste ? Non, car le mercure n'a pas fini de monter : la machine thermique est d'une inertie considérable et nous ne payons pas comptant nos émissions de CO_2… Même si nous stoppions les émissions du jour au lendemain, la plupart des conséquences du dérèglement en cours persisteraient pendant des centaines d'années.

LES BASCULES CLIMATIQUES

Ce planisphère présente quelques événements irréversibles qui pourraient affecter la planète si le réchauffement climatique se poursuit au rythme actuel. Giec

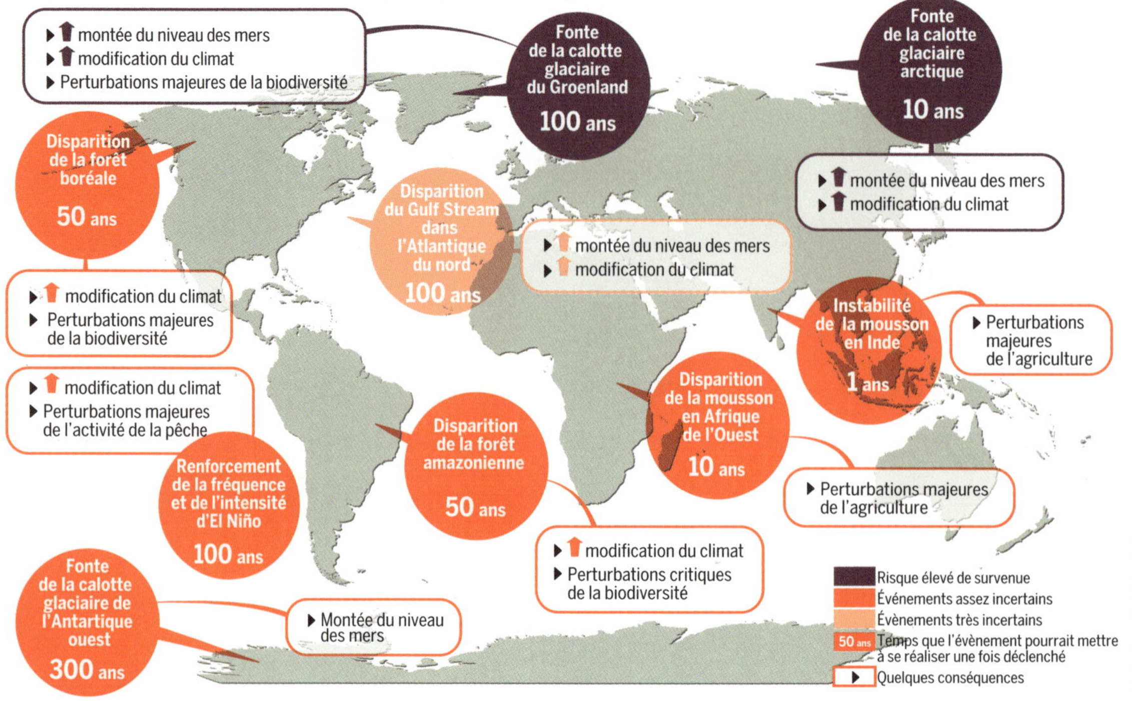

Hausse du thermomètre : jusqu'où ?

Si nous ne faisons rien, le thermomètre pourrait indiquer + 4,8°C avant 2100, selon le dernier rapport (2013-2014) du très écouté Groupe d'experts intergouvernemental sur l'évolution du climat (Giec). Un bouleversement impensable, en quelques décennies à peine, qui nous promettrait un régime de précipitations perturbé, des événements extrêmes – ouragans, canicules, inondations – plus fréquents et durables, des dizaines de centimètres de hausse du niveau des mers, dilatées par la chaleur et gonflées par la fonte des glaces. D'après les scientifiques, le seuil à ne pas dépasser pour ne pas entrer dans l'inconnu climatique est de +2°C… Cela implique de limiter le taux de CO_2 atmosphérique à 450 ppm avant 2050, autrement dit de diviser par deux les quantités d'énergies fossiles brûlées chaque année. Et c'est à très brève échéance qu'il faudra freiner puis enclencher la marche arrière. Selon le Giec, il faudrait avoir fait culminer les émissions de CO_2 avant 2015, puis les faire décroître résolument pour escompter la réalisation du scénario « +2°C seulement ». Autant dire que cet objectif est devenu irréaliste.

UNE SIMULATION DE L'ÉVOLUTION DU DÉBIT DES COURS D'EAU EN FRANCE

Projet Explore 2070, medde

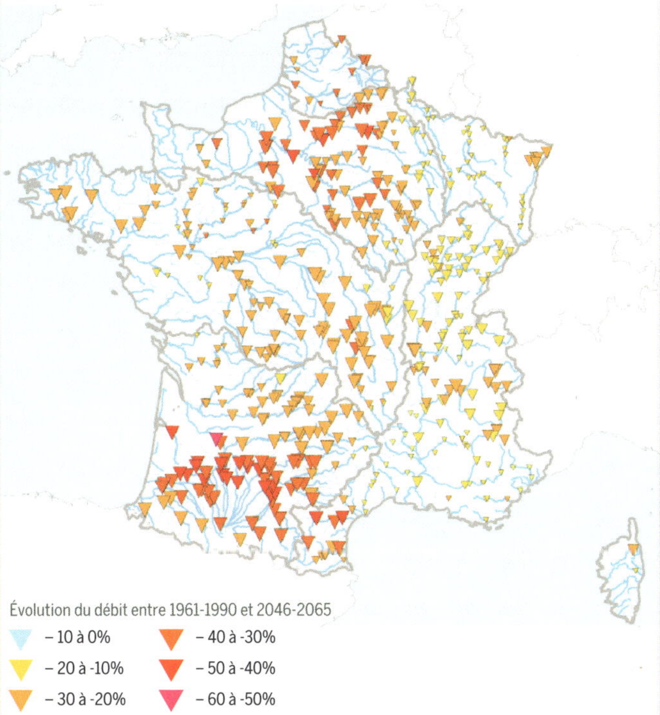

Plus les triangles sont grands, plus les différentes simulations donnent des résultats proches.

UNE HISTOIRE

En 1895, on savait déjà…

Le dérèglement climatique, épouvantail moderne, est théorisé depuis… 1895 ! Le chimiste suédois Svante Arrhenius expose alors l'influence du CO_2 sur l'amplification de l'effet de serre planétaire et extrapole la hausse des températures sous l'effet de la consommation galopante des énergies fossiles. Cependant, il faudra attendre de puissants travaux de modélisation du climat et de nombreuses campagnes de mesures pour convaincre la communauté scientifique et les décideurs de la prépondérance de l'injection de gaz à effet de serre sur d'autres phénomènes, naturels induisant une certaine variabilité au climat terrestre. C'est en 2007 seulement que le Giec peut affirmer, de manière quasi irréfutable, que les activités humaines sont bien à l'origine du dérèglement climatique en cours.

EN BREF

15 milliards de tonnes C'est la **quantité de CO_2** issu des activités humaines qui s'accumule chaque année dans l'atmosphère.

+ 5°C C'est la possible hausse de température **d'ici à 2100** si nous ne faisons rien. C'est aussi la différence de température qui nous sépare de la **dernière glaciation**. On traversait alors la Manche à pied sec.

CONTRIBUTION À L'EFFET DE SERRE PROVOQUÉ PAR L'HOMME

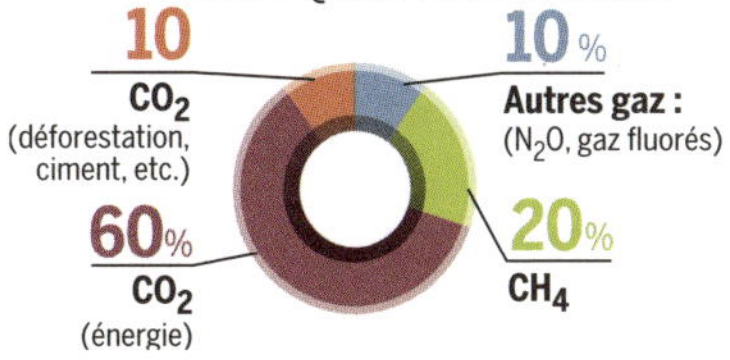

ÉNERGIE : LA FIN DE L'ORGIE N'EST PAS POUR DEMAIN

LA CONSOMMATION D'ÉNERGIE DE L'HUMANITÉ

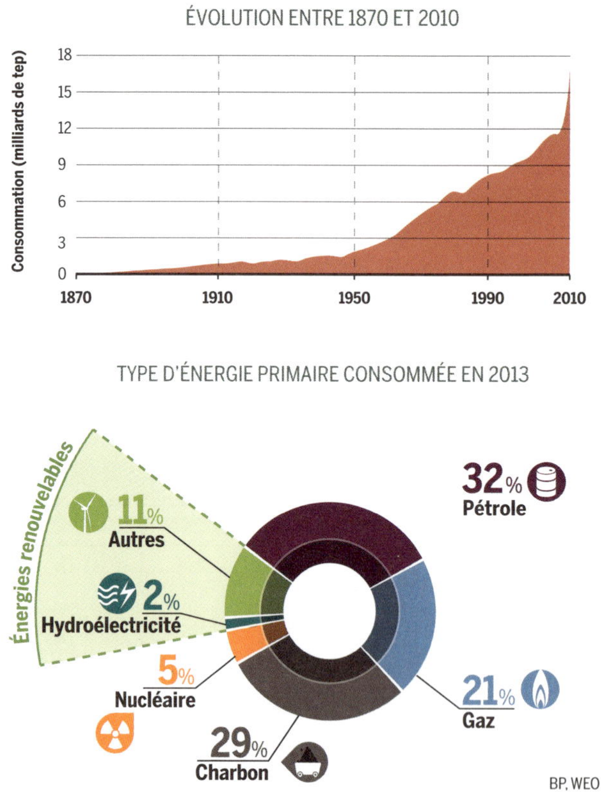

BP, WEO

La folle croissance des consommations

Pour étayer la prospective climatique, le Giec établit des scénarios d'émissions de gaz à effet de serre. Le plus vertueux d'entre eux vise à tenir l'objectif « +2°C en 2100 ». Le pire – « on poursuit sur la lancée actuelle » – devrait provoquer une réaction salutaire : hausse du mercure de 5°C à la clé. Hélas, pour l'effet épouvantail, c'est raté : la consommation planétaire d'énergies fossiles ne ralentit pas. Depuis 2000, la concentration en CO_2 a augmenté en moyenne de plus de deux ppm par an, rythme jamais observé auparavant et supérieur aux pires scénarios du Giec.

Le Sud rattrape le Nord

L'escalade de la consommation énergétique recèle des disparités. Les pays industrialisés voient désormais leurs émissions ralentir, voire stagner et même décroître, en raison d'une croissance économique atone ou négative, mais aussi des efforts acceptés par une trentaine d'entre eux au sein du Protocole de Kyoto, signé en 1997. Ces pays comptaient alors pour environ 60 % des émissions de CO_2 mondiales. Depuis, le paysage s'est singulièrement complexifié. De grands pays dits « émergents » – Chine, Inde, Brésil, Afrique du Sud notamment – se sont rapidement industrialisés. Si bien que le groupe des « non-industrialisés » d'alors émet désormais pour près de 55 % du CO_2. En 25 ans, les contributions respectives du « Nord » et le « Sud » se sont inversées.

UNE HISTOIRE

L'énergie asservie à notre mode de vie

Comment appréhender la réalité objective de nos consommations énergétiques contemporaines, cachée derrière des mégawattheures ou des gigajoules abscons (lire aussi p. 78) ? Pour en donner une notion palpable, Jean-Marc Jancovici, consultant spécialisé sur le climat et l'énergie, les a comparées à la capacité de travail d'un humain. En d'autre termes : combien nous faudrait-il « d'équivalents esclaves » pour rendre le même service que l'essence, l'électricité, le gaz et tous les processus de production que nous mobilisons par notre mode de vie ? La réponse laisse songeur : chaque Français « dispose » de 400 à 500 « esclaves » énergétiques fictifs…

LES ÉMISSIONS DE CO_2 PAR RÉGIONS ET PAR HABITANTS EN 2010

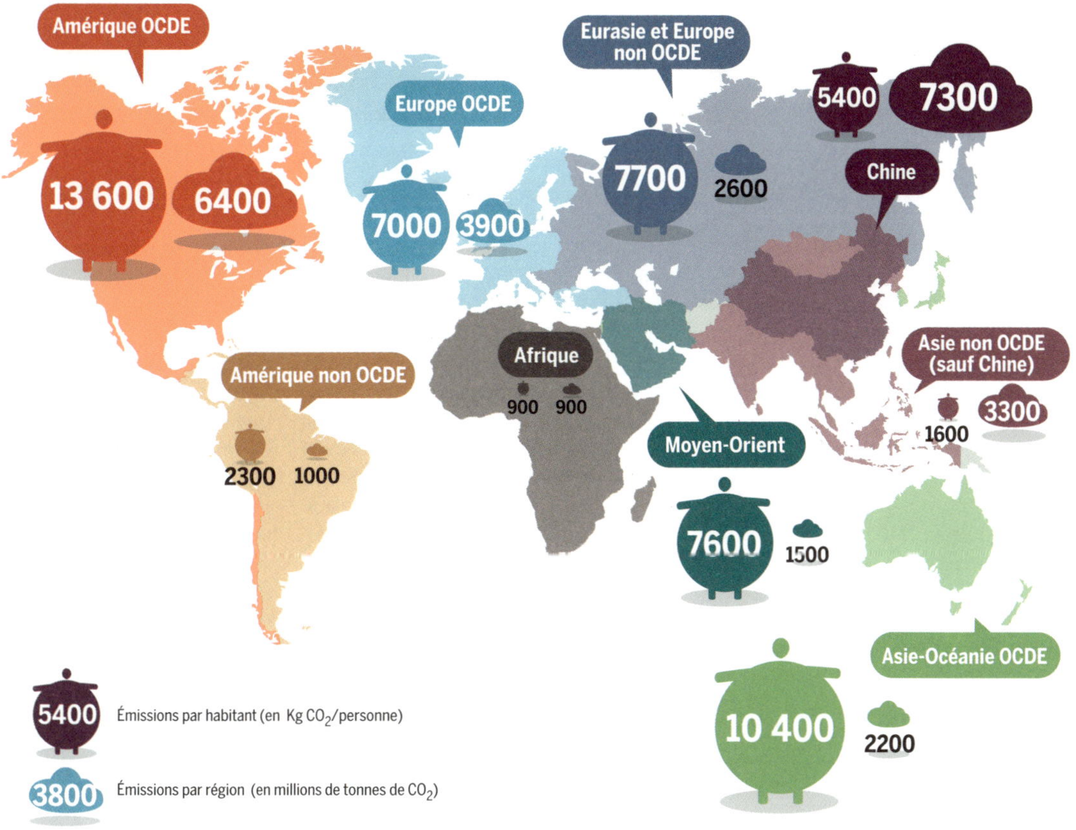

AIE, 2012

Accuser les pays émergents ? Un peu facile…

La Chine, en pleine croissance, a détrôné les États-Unis au milieu des années 2000 en tête du palmarès des pays émetteurs de CO_2, ipso facto fustigée par une partie de l'opinion pour son « irresponsabilité ». Analyse un peu courte. On oublie volontiers que les trois quarts des quantités de gaz à effet de serre en surplus dans l'atmosphère depuis l'ère industrielle ont été émis par les pays occidentaux, sans conteste les grands fomenteurs de la dérive climatique. Par ailleurs, le Sud n'a rattrapé le Nord que vers 2007 et, surtout, ce groupe de pays abrite… 82 % de la population mondiale ! Si l'humanité entend conserver une planète vivable pour ses enfants, la grande gabegie énergétique du Nord est un « luxe » prohibé pour les autres pays… Cependant, ces derniers défendent leur droit à une part du « gâteau CO_2 », car les énergies fossiles, qui resteront encore longtemps compétitives, peuvent contribuer à leur développement. Au nom de l'équité climatique, les efforts qu'exige le scénario « +2°C maxi » supposent donc une solidarité mondiale à deux visages : l'engagement des pays du Sud à maîtriser l'envolée de leurs émissions de gaz à effet de serre et, pour les pays du Nord, à faire chuter drastiquement les leurs.

EN BREF

Alors que le dérèglement climatique que nous subissons aujourd'hui est la conséquence du dynamisme industriel du début du XXe siècle, cent ans plus tard, **la consommation d'énergies fossiles** a été multipliée par

15

Un **Étasunien** émet

10 x plus

de CO_2 qu'un Indien.

L'ÈRE DES FOSSILES EXTRÊMES

La fin du pétrole n'est pas un problème...

Régulièrement, les géologues découvrent de nouvelles réserves. Régulièrement, les avancées technologiques permettent d'exploiter des gisements qui auparavant n'étaient pas rentables. Confortés par cette apparente fuite en avant de l'horizon de l'épuisement de l'or noir, certains cercles d'énergéticiens et d'économistes se comportent comme si cette ressource était inépuisable. Irritant. Mais en fait, peu importe. Le jour où l'on en ponctionnera la dernière goutte, il y aura belle lurette que le pétrole sera sorti de nos vies... Car sa consommation ne tombera d'un maximum à « zéro » du jour au lendemain. Bien avant l'échéance fatidique, le pétrole sera devenu une denrée hors de prix... La crise de l'or noir est avant tout économique et environnementale.

Les marchés aux commandes

Les compagnies ont d'abord jeté leur dévolu sur les champs dont le pétrole était le plus facile à extraire. Mais depuis les années 1980, les nouvelles réserves découvertes sont de plus en plus modestes et difficiles à exploiter. Et surtout, elles ne couvriront pas la demande quand les gisements actuellement en exploitation arriveront à épuisement. Pire, selon l'Agence internationale de l'énergie, le maximum de production du pétrole (au-delà duquel cette production va inexorablement plafonner puis diminuer) aurait été atteint en 2006. Or de son côté, la demande continue imperturbablement de grimper (environ 2 % par an pour l'ensemble des combustibles fossiles). Dès lors, ce sont les marchés qui vont arbitrer le devenir du pétrole dans nos économies. Offre en déclin et consommation en hausse : la hausse du prix de l'or noir est déjà engagée. Autre conséquence : les principaux gisements étant localisés dans une poignée de pays, les tensions sur la production et l'approvisionnement risquent de plus en plus d'être la conséquence de bras de fer en politique internationale.

UNE HISTOIRE

Dieu serait-il Brésilien ?

Le mythe du pétrole a encore de beaux jours devant lui. En 2006, le Brésil découvre de gigantesques gisements de pétrole au large de ses côtes. Peu importe qu'ils soient enfouis sous 7 000 mètres de couches de sel, dans des eaux plongeant jusqu'à 2 000 mètres de profondeur, et que l'exploitation s'avère techniquement difficile et écologiquement périlleuse : pour la présidente Dilma Roussef, ce cadeau à la nation fait « fortement soupçonner que Dieu soit Brésilien »... Avec cette découverte – et moyennant un faramineux programme d'investissement de près de 200 milliards d'euros – le pays pourrait se hisser, en 2030, au 4e rang des producteurs de pétrole de la planète.

EN BREF

5 000 milliards de litres

C'est la demande mondiale en pétrole (2012)

En 2030, la Chine devrait être le pays le plus **dépendant** au monde pour ses **importations** d'énergie.

Prix du baril de pétrole (159 litres) « Brent » (Mer du Nord)

1998 : **13 $**

2012 : **112 $**

Les nouvelles réserves de pétroles découvertes chaque année ne représentent en moyenne qu'entre un tiers et la moitié de la demande mondiale annuelle.

L'ÉTAT DES RÉSERVES DE COMBUSTIBLES FOSSILES EN 2012

La durée de vie des gisements d'une région (le temps qu'il reste avant leur épuisement) est estimée en faisant le rapport du volume des réserves au volume de la production annuelle actuelle.

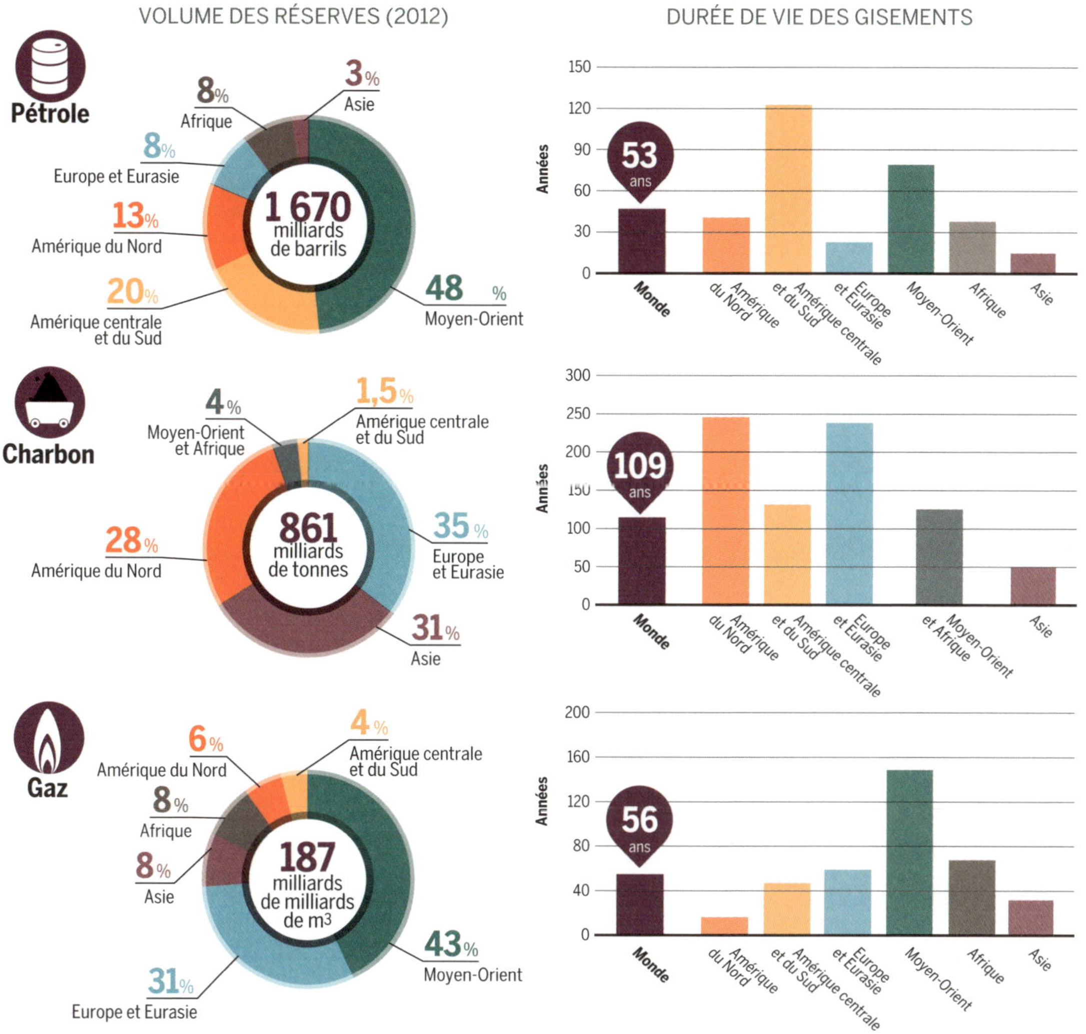

BP

La tentation des extrêmes...

Hausse des prix aidant, les gisements de pétrole dits « non conventionnels » deviennent rentables et les pétroliers s'y précipitent. Le gaz naturel, dont les réserves actuelles couvriraient, comme le pétrole, environ 50 ans de consommation actuelle, connaît un phénomène identique. Revers de la médaille : ces hydrocarbures « non-conventionnels » – gisements en milieux eau profonde ou en mer Arctique, huile de sables et schistes bitumineux, gaz de schiste ou hydrates de méthane – présentent des risques importants pour l'environnement, comme le montre par exemple la très polluante extraction des sables bitumineux de l'Alberta (Canada). Il n'est pas exagéré de ranger le charbon dans la catégorie des « fossiles extrêmes » : alors qu'il est le plus émetteur de CO_2 parmi les énergies fossiles, et qu'il semblait promis au déclassement, le charbon revient en force dans le monde, en premier lieu en Chine, furieusement avide d'énergie pour entretenir sa croissance galopante.

LE FACTEUR TEMPS NE FRAPPE QU'UNE FOIS

Combien de temps pour agir ?

Très majoritairement, les scientifiques se rallient a minima aux conclusions du Giec : faire culminer les émissions de gaz à effet de serre avant 2015 si nous voulons éviter l'aventurisme climatique. Face à l'urgence d'agir, un autre parti, plutôt fréquenté par des économistes, préconise une stratégie opposée : temporiser. Car, défendent-ils, à mesure que les combustibles fossiles se renchériront, les mesures d'économie d'énergie gagneront en rentabilité, les énergies renouvelables deviendront plus compétitives, etc. Les mécanismes naturels de régulation des marchés viendraient à notre secours de manière moins coûteuse que si nous décidons d'investir dans un remodelage volontariste des systèmes énergétiques. L'humanité peut-elle se payer le luxe d'attendre l'épuisement des combustibles fossiles ? La réponse est sans nuance négative. Certes, l'estimation des réserves suggère que l'affaire sera classée dans un demi siècle à peine. Mais il faut raisonner autrement. Alors que l'humanité a déjà brûlé l'équivalent de 1 200 milliards de barils de pétrole, il serait possible d'en récupérer encore près de 1 700 milliards sous nos pieds. Même type de constat avec le gaz et le charbon. Brûler ces gisements jusqu'au dernier gramme revient à signer un aller simple vers le chaos climatique : une hausse probable du thermomètre de 5°C minimum…

Yasuni : le pétrole ne restera pas sous terre

Rémunérer la non-exploitation du pétrole ! En 2007, le gouvernement de l'Équateur lance une initiative des plus originales : il accepterait de renoncer à l'exploitation de trois gisements pétroliers – 20 % de ses réserves – situés dans le parc Yasuni, estampillé « réserve de biosphère » par l'Unesco pour sa très grande biodiversité et habité par des communautés indigènes isolées. Mais en contrepartie d'une rémunération : c'est un geste d'intérêt planétaire. L'Équateur souhaite recevoir la moitié des recettes pétrolières dont il s'ampute (2,7 milliards d'euros), qu'il s'engage à affecter au développement des énergies vertes, à la population locale et à la préservation du parc. Mais c'est un échec fracassant : en août 2013, le fonds international de l'Onu créé pour la cause a recueilli moins de 0,5 % de la somme attendue… Le président équatorien Rafael Correa a jeté l'éponge et annoncé l'exploitation prochaine du gisement.

PRÉVISIONS D'AUGMENTATION DE TEMPÉRATURE SELON LA QUANTITÉ DE PÉTROLE CONSOMMÉE D'ICI À 2100

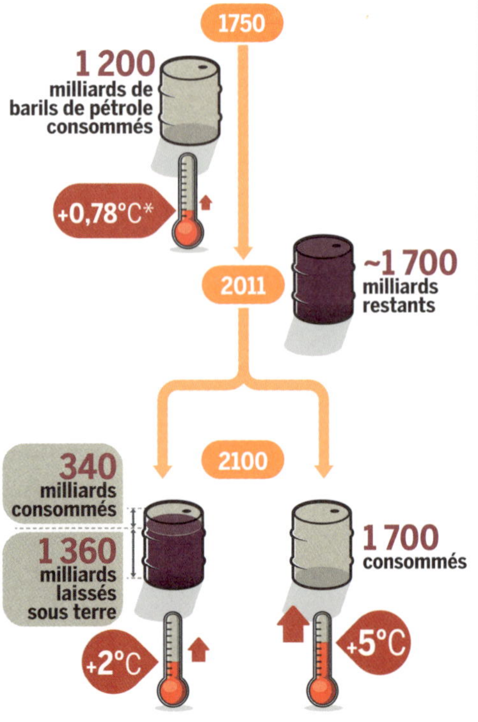

*Augmentation des températures moyennes entre 1850-1900 et 2003-2012

L'IMPACT DU RETARD MIS À FAIRE DÉCROÎTRE LES ÉMISSIONS DE CO_2 : TROIS SCÉNARIOS

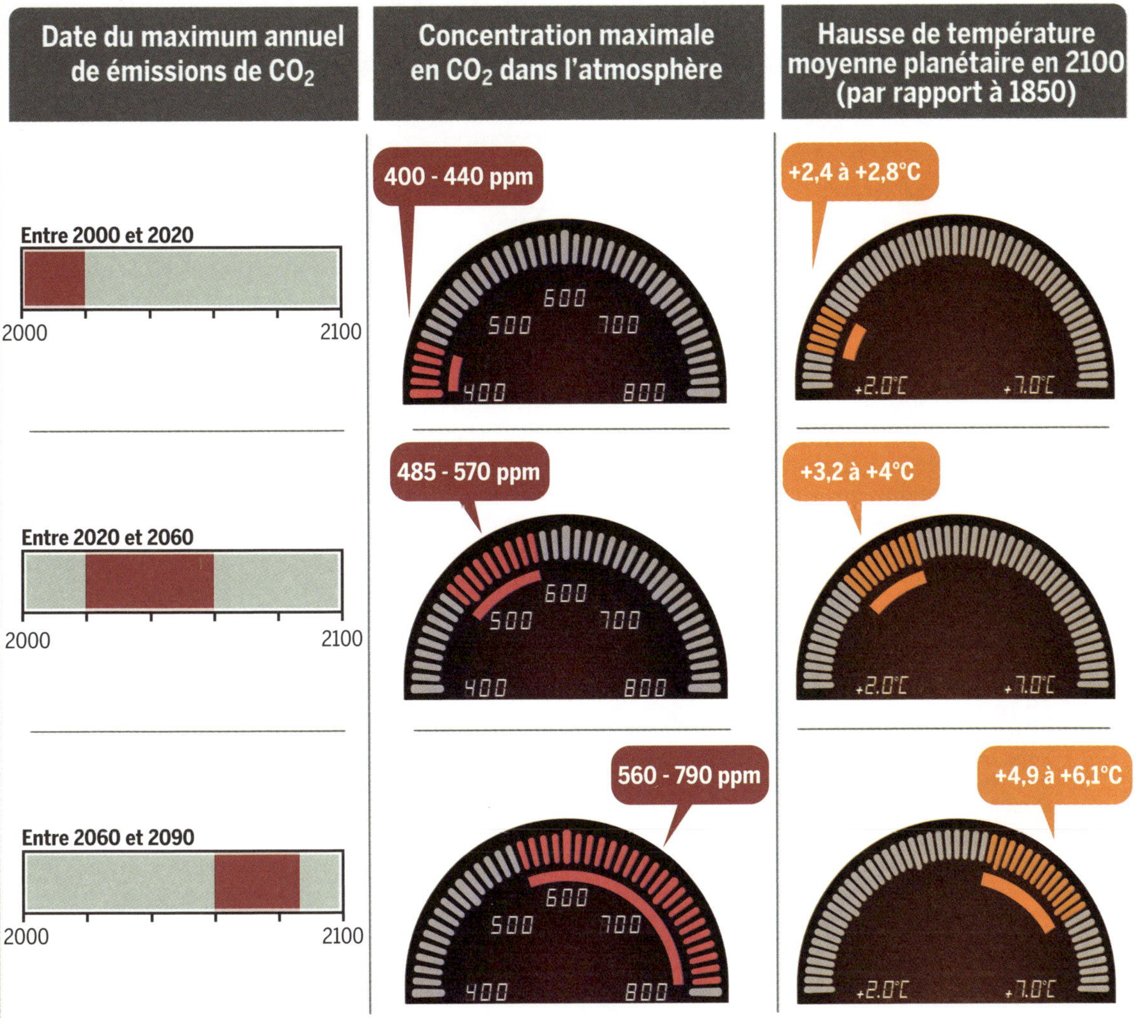

Giec 2007

Le problème, c'est la surabondance

Faisons le calcul dans l'autre sens. Selon le Potsdam Institute for Climate Impact Research allemand, pour avoir 80 % de chance de tenir l'objectif « +2°C maxi en 2100 », il faudrait ne prélever que 20 % du stock des hydrocarbures restant. Et un tel « rationnement » devrait conduire à cesser de toucher au charbon, le plus émetteur des combustibles fossiles, ajoutent certains. Le problème majeur des énergies fossiles n'est donc pas la raréfaction qui se profile, mais leur surabondance !

En 2006, le Britannique Nicholas Stern a répondu sur le terrain économique en chiffrant le coût de réparation de l'inaction pour la collectivité – assèchements, perturbation des productions alimentaires, propagation des maladies tropicales, dégâts environnementaux... La conclusion a fait l'effet d'une bombe : une récession possible de 20 % du PIB mondial, dix fois plus coûteux que d'avoir investit en 2006 pour limiter les gaz à effet de serre ! Ces calculs ont bien sûr suscité des critiques. Il n'empêche, les ordres de grandeur sont considérables et le message clair : le report des actions contre le dérèglement se payera très cher.

UNE TRANSITION ÉNERGÉTIQUE, MAIS LAQUELLE ?

Des solutions d'abord locales

Est-il acquis qu'il faille désaccoutumer l'humanité aux hydrocarbures fossiles ? Eh bien non. Les nations dont l'aisance économique est fondée sur leur pétrole s'opposent, lors des négociations internationales, à l'instauration d'un cadre ambitieux de limitation des émissions de CO_2. Les États-Unis se sont rués sur le gaz de schiste, le charbon chinois brûle par milliards de tonnes. Et les pays les plus démunis revendiquent d'être exemptés de contraintes, au moins pour un temps, considérant (à raison) n'avoir qu'une responsabilité ultra marginale dans le problème. Il est donc illusoire d'imaginer une transition énergétique organisée au niveau mondial. •

UNE HISTOIRE

Ces territoires qui visent « zéro CO_2 »

La bataille climatique a engendré une kyrielle de plans, de défis, d'« objectifs 2050 ». De petits territoires lancent le bouchon très loin. Souvent des îles, étranglés par une hyper dépendance aux énergies fossiles importées. Le graal s'appelle « zéro CO_2 » : se débarrasser du pétrole, du charbon, du gaz. Dans le détail, pourtant, mille nuances. Certains plans restreignent le périmètre aux équipements publics ou à la production d'électricité. D'autres organisent une « compensation ». Par exemple : l'électricité éolienne produite en surplus sur une île vient « annuler » (sur le papier) des émissions locales. Le point de résistance sempiternel : le transport routier, sans solution massive et accessible, qui relativise toutes les belles ambitions « zéro CO_2 ».

LE PRINCIPE DE LA CAPTURE DU CO_2

L'objectif est de capter le CO_2 à la sortie des cheminées des centrales électrique au charbon pour l'injecter dans des couches géologiques. Outre les incertitudes sur le coût et le potentiel global de cette voie, personne ne sait évaluer les risques de fuite du CO_2 ou d'accentuation des fractures sismiques.

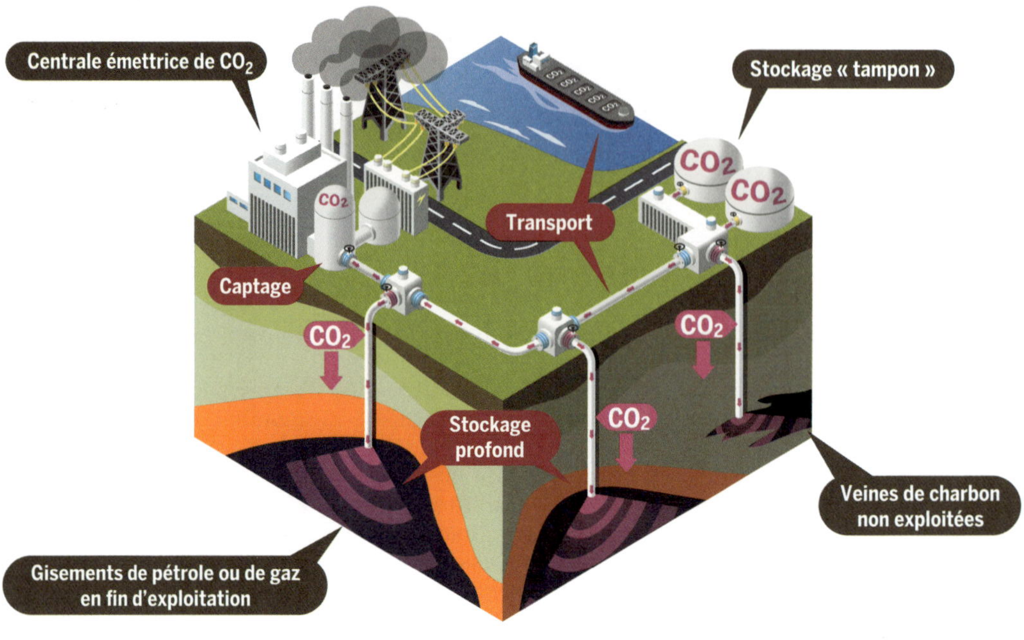

Libéral versus précaution

Dans le monde occidental, deux philosophies s'affrontent :

- **la voie « libérale »,** qui est en général portée par le monde économique et industriel, ainsi que les gouvernements. Dominée par des choix de court terme, on y considère la transition comme une contrainte susceptible d'affecter la compétitivité des entreprises vis-à-vis de concurrents étrangers. Le prix de l'énergie et le montant des investissements à consentir sont les indicateurs prioritaires. La tendance est donc de leur indexer le rythme du reflux des hydrocarbures fossiles, tant qu'ils restent compétitifs. Pour tenir les objectifs de limitation du CO_2, on compte alors sur une technologie palliative : la capture et le stockage de CO_2 dans des poches souterraines.

- **la voie « de précaution »,** défendue par les écologistes (mais pas uniquement), qui appelle à une réflexion globale sur les systèmes énergétiques. Elle tente d'imposer l'intérêt commun face aux stratégies économiques dominantes, en visant d'abord un résultat – la stabilisation de la concentration en CO_2 – pour en dégager des conséquences pratiques sur le reflux des énergies fossiles. Pour les scénarios de transition les plus aboutis, les systèmes énergétiques de 2050 ne doivent pas se contenter de traiter la question du CO_2 stricto sensu : il ne s'agit pas de résoudre le problème climatique au prix de paris technologiques dangereux, ni de recréer des dépendances énergétiques nouvelles – par exemple au lithium, métal qui serait vite épuisé l'on décidait de construire des voitures électriques par centaines de millions.

La transition : une vision politique

Sur toute la gamme des options, les scénarios de transition énergétique fondent leur argumentation sur des données difficilement consensuelles : quelles projections pour les consommations énergétique de demain ? Quelles hypothèses sur la croissance économique, la valeur du crédit (qui conditionne les investissements), le montant des assurances « accident nucléaire » à provisionner, le coût des panneaux photovoltaïques dans dix ans ? Le terrain, parce qu'il bouscule les logiques économiques habituelles, est éminemment politique. La transition énergétique est une vision. Dans la pratique, chaque pays, chaque région connaîtra des bifurcations et mutations différenciées, à des vitesses variables.

INSTALLATION DE CAPTURE DE CO_2 AU DANEMARK

UN DÉBAT À LA FRANÇAISE

De Kyoto au paquet « climat-énergie »

Comme des dizaines de pays, la France s'est engagée sur la voie d'une transition énergétique. Dans le cadre du Protocole de Kyoto (signé en 1997), elle devait, d'ici à 2012, contenir ses émissions de CO_2 à leur niveau de 1990. Objectif modeste, mais tenu.

En 2007, le Grenelle de l'environnement, vaste concertation entre des centaines d'acteurs – administration, experts, associations, élus, entreprises, syndicats… – engage le pays à porter à 23 % la part des énergies renouvelables en 2020, à réduire de 38 % la consommation des bâtiments existants, à prendre des mesures fiscales pénalisant les énergies émettrices de CO_2, etc. Sept ans plus tard, plusieurs des engagements sont restés lettre morte, ou bien n'ont connu qu'un modeste début de réalisation. Puis, l'Union européenne a adopté, en 2008, un plan d'action dit « paquet climat-énergie » doté de trois engagements à 2020 : porter la part des renouvelables à 20 % de l'énergie consommée ; réduire les émissions de CO_2 de 20 % ; accroître l'efficacité énergétique de 20 %. Les deux premiers objectifs ont un caractère contraignant, pas le dernier.

À QUOI SONT DUES LES ÉMISSIONS DE GAZ À EFFET DE SERRE (CO_2, CH_4, N_2O, ETC.) EN FRANCE ?

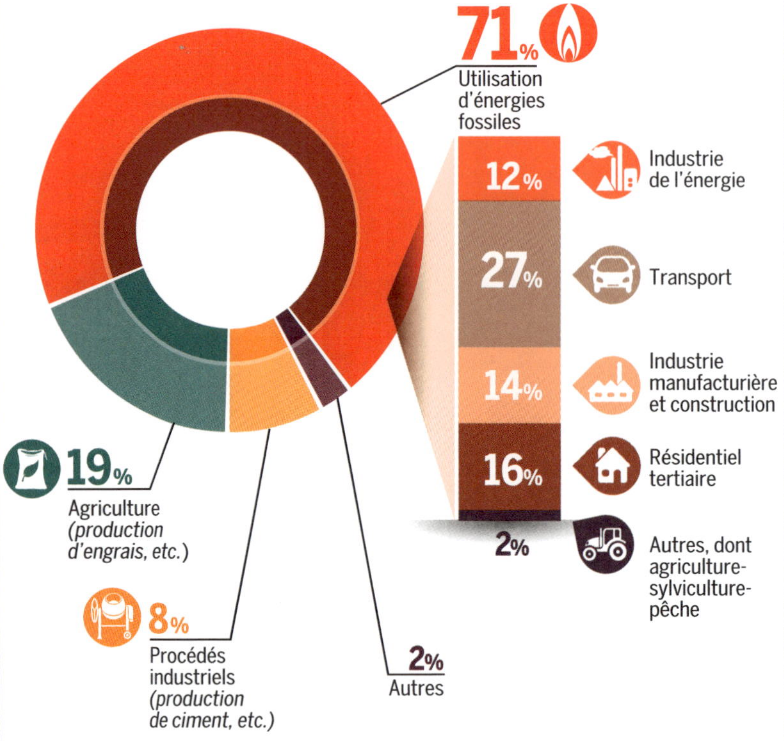

DTNE, 2013

EN BREF

28 %
des émissions mondiales de CO_2 ont circulé, en 2010, via le commerce international.

70 milliards d'euros
C'est ce que coûtent chaque année à la France les importations de combustibles fossiles.

LES DIFFÉRENTS SCÉNARIOS FRANÇAIS DE TRANSITION ÉNERGÉTIQUE

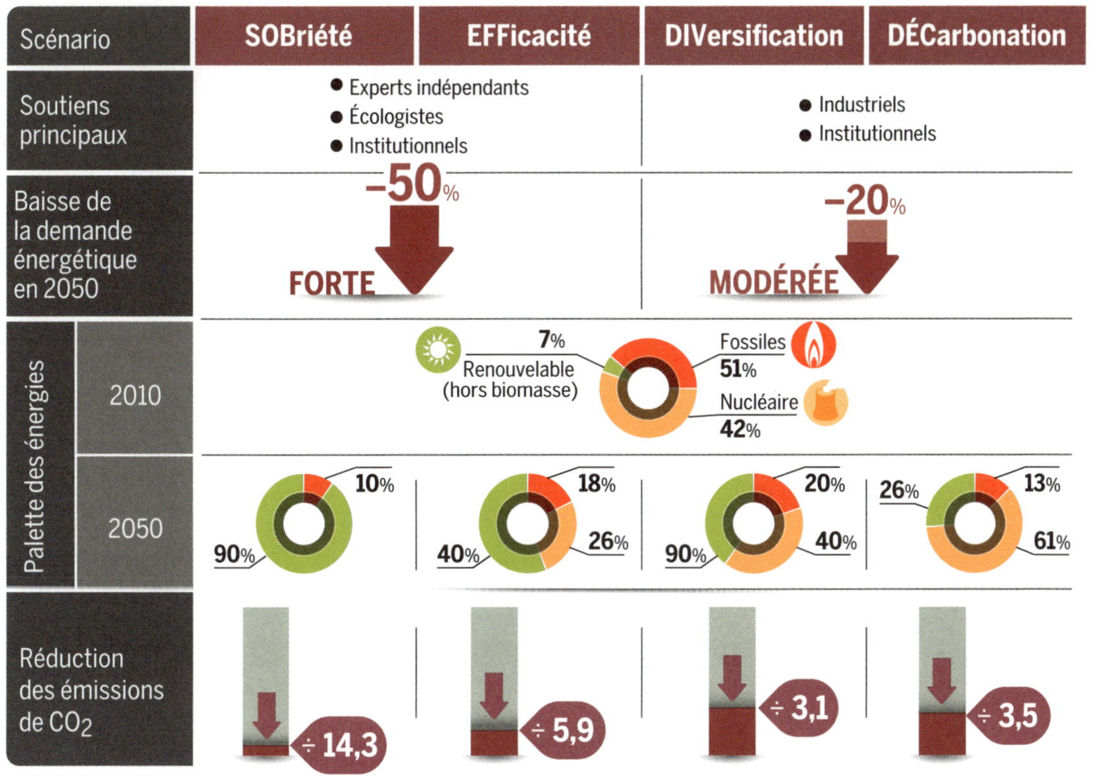

Le débat national sur la transition énergétique

En 2012, nouvelle convocation massive autour des tables : le gouvernement du président Hollande veut un « débat national sur la transition énergétique » (DNTE), terme qui labellise officiellement la démarche. Si le processus est lent et lourd, il a le mérite d'instituer le sujet en une question de société « concernant toute la population ». La densité des échanges est nettement plus importante qu'au Grenelle de l'environnement, dont l'énergie n'était qu'un chapitre. Et le champ s'est élargi au-delà de l'urgence climatique et de l'autonomie des approvisionnements. L'avenir de la filière nucléaire a été abordé, mais aussi l'impact des choix à venir sur la réduction de la précarité énergétique, l'équilibre entre les territoires, la gouvernance, la compétitivité économique, l'emploi, etc. Onze scénarios, issus du monde industriel, universitaire ou associatif, ont été examinés lors du DNTE. Ils bifurquent sur trois grandes options : le niveau de la demande en énergie à terme (qui dépend entre autres des hypothèse de croissance économique), l'importance des efforts de sobriété (et par quel moyen : limitation des usages ou bien plus grande efficacité des machines ?) et la palette des filières énergétiques retenues. •

UNE HISTOIRE

Le CO_2 passager clandestin

À lire les inventaires officiels, la France tiendrait honnêtement son rang dans la bataille climatique : le pays a réduit de 13 % ses émissions de gaz à effet de serre entre 1990 et 2011. Pourtant, cette comptabilité (standardisée à l'échelle onusienne) est sujette à une critique fondamentale : ne sont prises en compte que les émissions localisées sur le territoire. Ainsi les émissions dues à la fabrication et au transport d'un ordinateur de Shanghai au Havre sont attribuées à la Chine – logique appliquée à tout produit importé – bien que son impact résulte de la demande des consommateurs finaux. En 2013, une étude du Réseau action climat intégrant ces flux clandestins (ajout des imports et retrait des exports) constatait que les émissions françaises avaient... augmenté de 14 % entre 1990 et 2007 !

LE NUCLÉAIRE, ZONE DE CONFLIT

Le nucléaire surreprésenté dans les débats

Marginaliser les énergies émettrices de CO_2, brider une demande toujours croissante, accroître la place des énergies renouvelables : la majorité des esprits ne met pas en question ces objectifs. En revanche, s'il est un sujet qui attise de profonds antagonismes, c'est bien le nucléaire. Le nucléaire pourvoit à 75 % de notre consommation d'électricité : aucun pays n'est à ce point dépendant de l'atome. Cette hégémonie et la contestation qu'elle suscite surdéterminent les débats en France, même si le nucléaire ne produit que de l'électricité et compte pour 18 % seulement de la consommation énergétique totale de notre pays ! Alors qu'avec environ 70 %, la part du lion revient aux énergies fossiles avalées par les transports, le chauffage des bâtiments et l'industrie.

CONSOMMATION ÉNERGÉTIQUE FINALE DE LA FRANCE EN 2011 PAR SOURCE D'ÉNERGIE

Le nucléaire pourvoit à 18 % de notre consommation énergétique totale et 75 % de notre consommation d'électricité. Aucun pays n'est à ce point dépendant de l'atome.

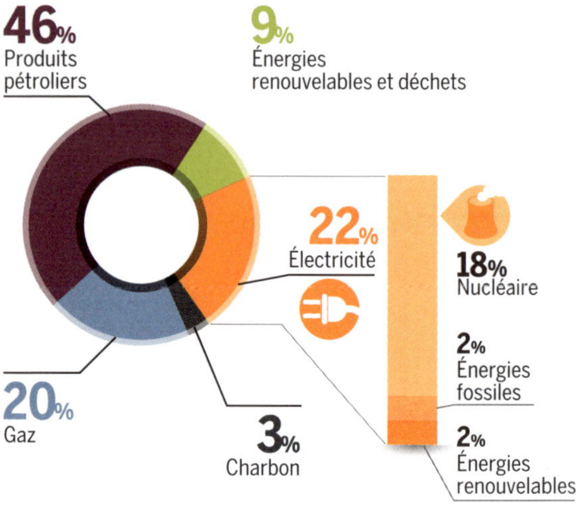

SOeS, 2011

EN BREF

LE NUCLÉAIRE PRODUIT EN FRANCE

18 % de l'**énergie totale** consommée

75 % de l'**électricité** consommée

LE NUCLÉAIRE PRODUIT DANS LE MONDE

2 % de l'**énergie totale** consommée

UNE HISTOIRE

Combien coûte le nucléaire ?

Le nucléaire est présenté comme économique en raison de faibles coûts de production permettant un prix de l'électricité parmi les plus bas d'Europe. La réalité est cependant beaucoup plus nuancée. Tout d'abord, deux très gros postes de charge restent dans un grand flou : le stockage des déchets radioactifs, dont la France en est à expérimenter l'enfouissement dans le sous-sol pour des millénaires, et le démantèlement des centrales en fin de vie. Les fourchettes de coût varient d'un facteur un à... dix. Tout cela représente des dizaines de milliards d'euros à venir. Et puis, en raison des exigences de sûreté (renforcées suite à la catastrophe de Fukushima en 2011), le coût de production a bondi. Les réacteurs les plus récents sont concurrencés par les éoliennes ! Sans même parler de l'absence d'assurance. Un système international de cagnotte prévoit que la France pourrait toucher environ 540 millions d'euros d'indemnisation en cas d'accident. Une misère. Les pertes économiques engendrées par Fukushima pourraient dépasser 300 milliards d'euros (près de 600 fois plus) au Japon. Soit autant que l'ensemble des investissements français dans la filière nucléaire...

« Pro » et « anti » : chacun ses armes

Du côté des « pro », un puissant parti industriel et politique défend une technologie qui a longtemps maintenu l'électricité à des prix bas et très peu émettrice de CO_2. Du côté des « anti », on brandit le risque insupportable d'un accident grave, l'insoluble problème des déchets radioactifs, la dépendance presque totale aux importations d'uranium et l'augmentation désormais inéluctable du coût de l'électricité. Une transition énergétique française peut-elle se passer du nucléaire ? Les « pro » crient au gouffre financier et à la perte de compétitivité de l'économie. L'un des scénarios soumis au débat national envisage ainsi d'augmenter de 50 % la contribution du nucléaire d'ici à 2050. Les « anti » de leur côté entendent tenir les objectifs de mi-siècle (et même mieux) en fermant progressivement tous les réacteurs. Possible, sur les plans technique et économique, tentent-ils de convaincre avec leurs calculs (voir p. 26). La dimension politique du débat sur l'avenir du nucléaire est évidente. Entre le « plus d'atome » et le « zéro nucléaire », l'horizon (forcément temporaire) a été fixé par l'engagement du président Hollande : réduire la part du nucléaire de 75 % à 50 % d'ici à 2025, avec une première étape très attendue : la fermeture de la centrale de Fessenheim (Alsace), la plus vieille du parc. •

LA PRODUCTION D'URANIUM

Les trois quarts des ressources mondiales d'uranium sont détenus par quatre pays seulement. Et entre 2007 et 2011, le volume des ressources les moins chères à exploiter a été divisé par quatre.

LES PAYS PRODUCTEURS

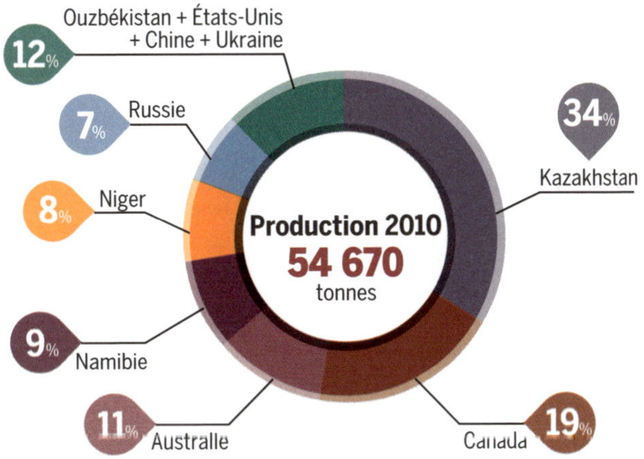

ÉVOLUTION DU PRIX

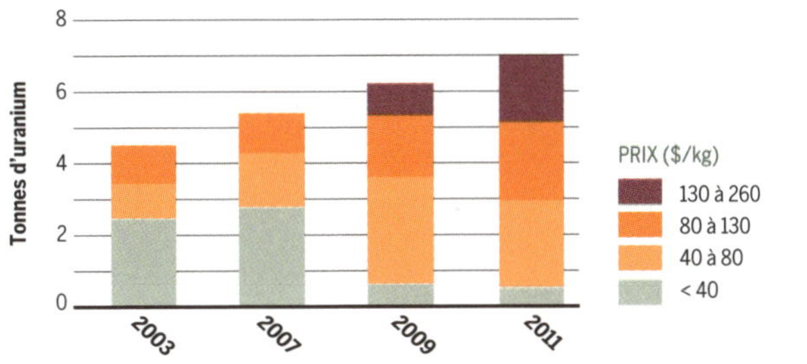

AIEA

ÉVOLUTION DU NOMBRE DE RÉACTEURS ET DE LA CAPACITÉ DE PRODUCTION D'ÉLECTRICITÉ NUCLÉAIRE DANS LE MONDE

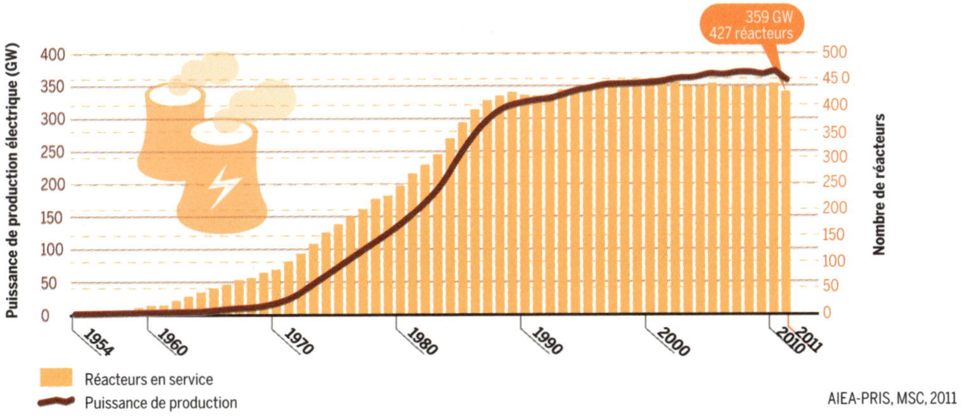

AIEA-PRIS, MSC, 2011

LE GAZ DE SCHISTE, RETOUR D'UN FOSSILE

La France n'a pas de pétrole mais…

Le gaz de schiste s'est invité dans le débat sur la transition énergétique en France. Mais que vient faire dans la bataille argumentaire cet hydrocarbure fossile dispersé dans certaines roches (les « schistes »)? C'est que le gaz de schiste aurait un intérêt, défendent ses zélateurs, pour l'indépendance énergétique du pays et de sa santé économique. La France pourrait recéler d'importants gisements de cet hydrocarbure… l'équivalent de plusieurs décennies consommation nationale de gaz naturel. Le conditionnel est pourtant de rigueur : en Pologne – l'autre pays européen potentiellement bien doté – les premières explorations se sont révélées très décevantes, au point que la manne estimée a été divisée par dix. Quoi qu'il en soit, la facturation hydraulique, seule technique d'extraction connue à ce jour, a été interdite en France en 2011 en raison des importants dégâts environnementaux qu'elle occasionne.

EN BREF

Plus de

10 %

C'est la part de la consommation d'énergie couverte par le **gaz de schiste** aux **États-Unis** aujourd'hui.

Des installations pour l'exploitation gaz de schiste aux États-Unis : les nombreuses plateformes de forage sont espacées d'une centaine de mètres…

Quelques leçons d'outre-Atlantique

L'agitation française autour du gaz de schiste prend son inspiration aux États-Unis, premier producteur mondial, où la ressource a suscité une petite révolution économique. Depuis 2000, on y a pratiqué plusieurs dizaines de milliers de forages et ce gaz, bon marché, représente déjà plus de 10 % de la consommation d'énergie. Les industriels, dans la chimie notamment, affichent un net regain de compétitivité. Les rêves d'eldorado économique pervertiront-ils les ambitions de la transition énergétique française ? La pression sur les pouvoirs publics est importante, alors que les mouvements d'opposition veillent. Mais, outre le fait que certaines études relativisent beaucoup le rôle du gaz de schiste dans l'embellie économique étasunienne, les bénéfices observés outre-Atlantique sont loin d'être transposables en France. Le modèle d'exploitation, fondé sur une prolifération de forages dans des zones peu peuplées, serait inacceptable en France, où le droit du sous-sol est par ailleurs beaucoup moins libéral. Les coûts de production du gaz de schiste, jauge des investisseurs, n'y serait aucunement avantageux. Par ailleurs, c'est aussi l'heure des premières mésaventures, aux États-Unis, où d'énormes investissements se sont révélés peu rentables.

LA PRODUCTION DE GAZ DE SCHISTE DEPUIS 1990 BP 2013

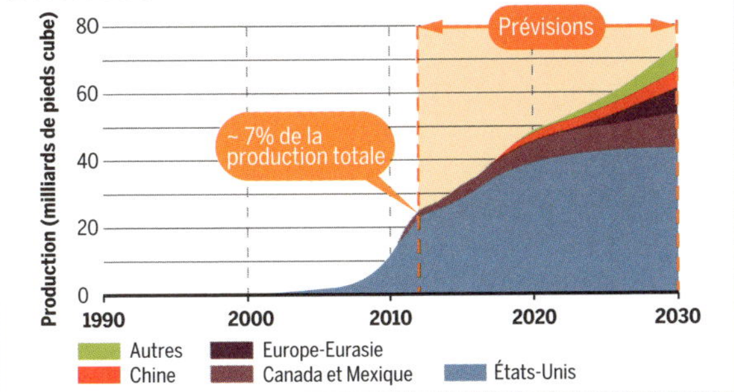

Ni plus vert, ni moins épuisable que le gaz naturel

ZONES DE PROSPECTION POSSIBLE DU GAZ DE SCHISTE EUROPE ARI, 2013

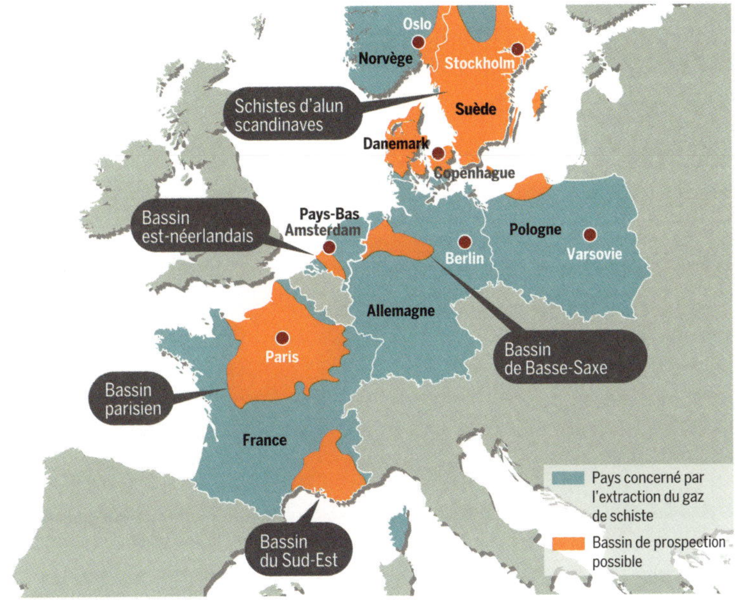

Les champs les plus prolifiques de gaz de schiste pourraient faire du États-Unis un exportateur net de gaz dans quelques années et lui assurer son indépendance énergétique d'ici à 2035. Mais il ne s'agirait que d'un répit face à l'inéluctable raréfaction des combustibles fossiles et ce choix énergétique retardera d'autant la transition énergétique du pays. Ensuite, outre l'impact environnemental de l'exploitation, il y a bien sûr l'impact climatique. Ce n'est pas en brûlant du gaz de schiste que l'on fera plafonner nos émissions de CO_2 avant 2015 (voir p. 16). Certes, dans une approche simpliste, le gaz de schiste aurait un effet bénéfique : il est moins émetteur que le charbon, qu'il a fait fortement reculer aux États-Unis grâce à des coûts d'exploitations inférieurs. Cependant, ce point est contesté. En effet, les émissions provoquées par la chaîne d'exploitation (et notamment les fuites de gaz à l'extraction) pourraient être… deux fois supérieures à celles du charbon ! Par ailleurs, l'Europe voit débarquer du charbon étasunien bradé, provoquant la fermeture de centrales à gaz naturel, ce qui engendre une hausse des émissions.

AMBITIEUX MAIS PAS IRRÉALISTE : LE SCÉNARIO NÉGAWATT

Un chemin « sans regret » vers 2050

Parmi les scénarios de transition énergétique française, celui de l'association Négawatt se distingue par son caractère novateur. Fruit de milliers d'heures de travail d'un groupe d'énergéticiens indépendants, Négawatt a pour objectif de bâtir un nouveau système qui « lègue aux générations futures des bienfaits et des rentes plutôt que des fardeaux et des dettes », très peu émetteur de CO_2, indépendant des importations et bannissant les paris risqués sur l'avenir. Écartés donc le gaz de schiste, le nucléaire et le stockage souterrain de CO_2 (trop de risques), les piles à hydrogène (balbutiantes), minimisés les énergies marines (encore immatures) ou encore les véhicules électriques (où trouver tout le lithium nécessaire aux batteries ?). En 2050, la France Négawatt est sevrée des énergies « de stock » (fossiles et nucléaire, soit près de 90 % des approvisionnements actuels) et couvre ses besoins à 90 % par des énergies « de flux » (biomasse, vent, soleil, hydraulique, etc.). Les émissions de CO_2 ont été divisées… par 16 en comparaison de leur niveau de 2010. Une trajectoire dite « sans regret », car bénéfique pour la société quoi qu'il arrive. •

ÉVOLUTION DES SOURCES D'ÉNERGIE PRIMAIRE ET DE LA CONSOMMATION PAR SECTEUR EN FRANCE SELON LE SCÉNARIO NÉGAWATT

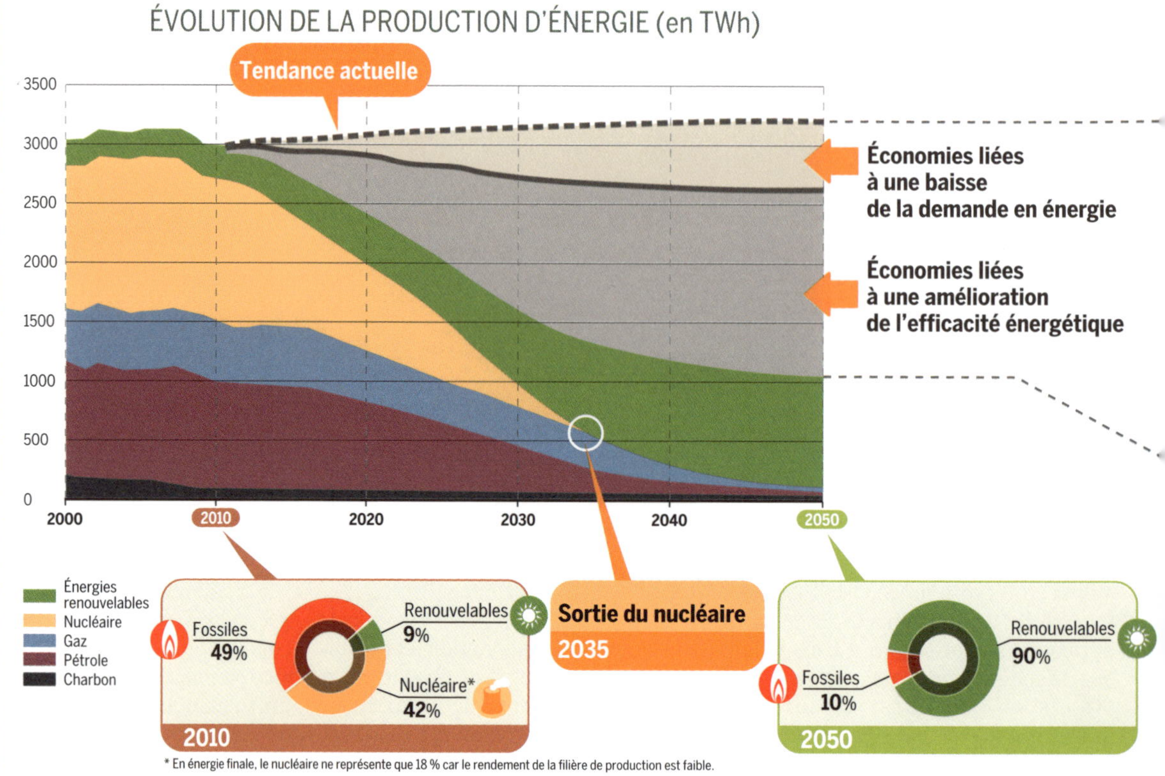

* En énergie finale, le nucléaire ne représente que 18 % car le rendement de la filière de production est faible.

Comment ?

L'apport le plus puissant du scénario consiste à décortiquer en préambule l'ensemble de la demande d'énergie, avant de penser aux moyens de production : nous avons besoin de chauffage, d'éclairage, de transport ; pas de consumer du bois, de l'uranium, du pétrole, expliquent les concepteurs. Or notre société tolère une débauche d'énergie dont elle n'a pas conscience : habitats « passoires thermiques », machines et appareils à rendement médiocre, gaspillages en tous genres.

L'élimination systématique de ces consommations parasites (voir partie 2), ce sont autant de nouvelles capacités de production épargnées pour l'avenir : des « négawatts ». Au terme de l'exercice, le pays consomme en 2050 trois fois moins d'énergie qu'en 2010 – à confort égal, insistent les auteurs – et c'est cela qui rend possible le remplacement progressif et quasi total du parc de production d'énergie par des unités à énergies renouvelables. Le cocktail énergétique : beaucoup de biomasse (végétaux, résidus organiques, etc.) pour le chauffage et d'éoliennes (surtout en mer) pour l'électricité ; pour le transport, Négawatt développe résolument les transports en commun, mais sans oukase sur la voiture. L'électrique est limité à 20 % de la flotte routière, qui carburera surtout au méthane, semblable au gaz naturel mais produit à partir de biomasse. Comme le CO_2 émis par sa combustion a été auparavant absorbé dans l'atmosphère par la croissance des végétaux utilisés dans le processus, le bilan « effet de serre » est neutre (voir p. 65). Pour boucler sa démonstration, le scénario envisage quelques évolutions de société, dont certaines commencent à devenir familières : nous partageons plus nos voitures, la superficie des logements cesse d'augmenter, nous mangeons moins de viande…

Ce scénario a bien sûr les limites de tout exercice prospectif. Sa vertu cardinale est de présenter une trajectoire ambitieuse mais désirable, riche en idées nouvelles, mais crédible. Négawatt raconte l'histoire optimiste d'une sortie par le haut de la crise énergétique et climatique. •

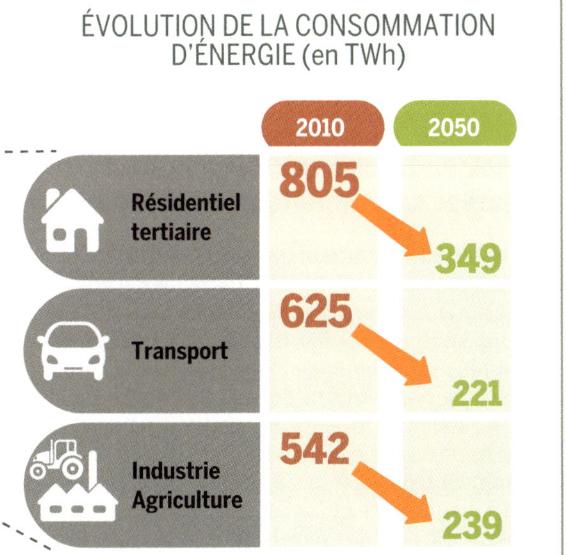

Négawatt

ÉVOLUTION DE LA PRODUCTION D'ÉNERGIE RENOUVELABLE PAR FILIÈRE EN FRANCE SELON LE SCÉNARIO NÉGAWATT

	Production 2010 (en TWh)	Production 2050 (en TWh)	Variation 2010-2050
Biomasse	166	296	↗ 1,78
Biogaz	4	157	↗ 39
Déchets	13	5	↘ 2,6
Éolien	10	209	↗ 21
Solaire photovoltaïque	0,6	90	↗ 150
Solaire thermique	0,7	39	↗ 270
Géothermie	2	29	↗ 15
Hydraulique	61	77	↗ 1,3
Énergies marines	1	7	↗ 7

L'ALLEMAGNE MONTRE LA VOIE

Un engagement de longue date

Les Allemands ne commentent pas la transition énergétique comme un projet, mais comme une mise en branle consensuelle, puissante et inéluctable. Cette « Energiewende » s'ancre dans les esprits à ce haut niveau en juillet 2011, quatre mois après la catastrophe de Fukushima. Sous la pression de l'opinion, Berlin décide la fermeture immédiate de 8 des 17 réacteurs du pays. D'un trait de plume, la chancellerie ampute la capacité de production électrique du pays de 40 %. L'Allemagne n'a pas toutefois pas attendu le sinistre de la centrale japonaise pour basculer. Dès la fin des années 1990, elle instaure une écotaxe pénalisant les énergies fossiles, lance un vaste programme de rénovation thermique des bâtiments anciens, favorise l'efficacité énergétique, crée des outils de financement puissants et met sur pied une véritable industrie des énergies renouvelables, en facilitant largement le recours à l'énergie du soleil, du vent, de la biomasse. •

Une feuille de route ambitieuse

Fin 2010, le gouvernement adopte une stratégie globale pour l'horizon 2050 encore plus ambitieuse que ses précédents programmes : l'Allemagne veut devenir le pays de référence en la matière. Les jalons de la Energiewende : en 2020, 40 % de gaz à effet de serre de moins qu'en 1990 et 80 % à échéance 2050. Berlin se donne pour objectif une réduction des consommations d'énergie de 20 % en 2020 par rapport à 2008, et jusqu'à 50 % en 2050. Mais plus que sur la sobriété, le pays mise d'abord sur les énergies renouvelables pour le chauffage et l'électricité. •

LE SOUTIEN DU PUBLIC... AEE, 2012

Pourcentage d'Allemands déclarant qu'ils aimeraient vivre à côté d'une...

Ferme solaire	77 %
Centrale fonctionnant au biogaz	61 %
Ferme d'éoliennes	36 %
Centrale fonctionnant au gaz naturel	21 %
Centrale fonctionnant au charbon	9 %
Centrale nucléaire	4 %

TÉMOIGNAGE

ANDREAS RÜDINGER
Chercheur à l'Institut du développement durable et des relations internationales

Réussir sa transition énergétique et préserver sa compétitivité : un mirage ?

« Les modélistes montrent que les pays en transition énergétique seront d'autant plus gagnants que les autres s'y engageront tard ! En raison de la raréfaction des combustibles fossiles : leurs prix augmenteront plus si la demande reste importante, ce qui accroîtra la compétitivité des économies en transition. Par ailleurs, investir aujourd'hui prépare les rentes de demain. Le coût des filières renouvelables va diminuer à mesure que les technologies parviendront à maturité, ce qui est déjà le cas pour l'éolien terrestre. Des études montrent que la transition allemande va coûter jusqu'en 2030, pour générer ensuite des centaines de milliards d'euros de profit. Reste la compétitivité à court terme, plus compliquée à gérer. Pour éviter de pénaliser les entreprises, l'investissement dans la transition est essentiellement porté en Allemagne par les ménages et les petites entreprises peu énergivores. Par ailleurs, la banque d'État KfW accorde des aides très importantes à l'innovation dédiée à l'efficacité énergétique, vecteur de compétitivité important. » •

LA TRANSITION ÉNERGÉTIQUE EN ALLEMAGNE (ENERGIEWENDE)
Évolution de la consommation d'énergie entre 2010 et 2050

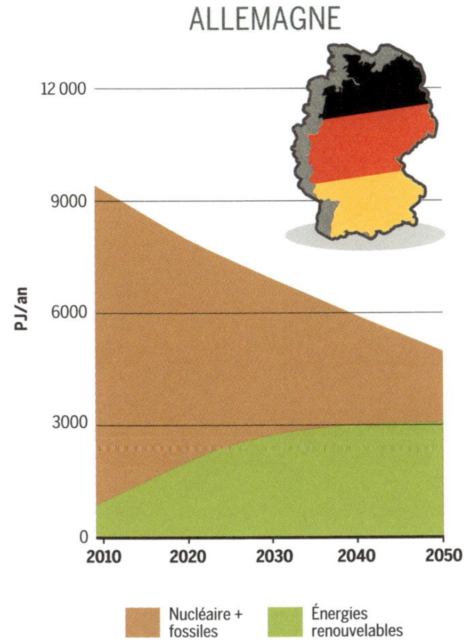

EN BREF

2022

C'est l'année de fermeture du dernier réacteur nucléaire allemand.

Part des énergies renouvelables en 2013

CONSOMMATION D'ÉLECTRICITÉ

Allemagne	France
25 %	15 % (dont hydraulique 70 %)

CONSOMMATION ÉNERGÉTIQUE TOTALE

Allemagne	France
12 %	13 % (dont bois de chauffage 46 %)

Aujourd'hui

les ménages allemands consomment environ **25 % d'électricité de moins** que leurs homologues français (... chauffage électrique non considéré).

Quels résultats ?

La croissance de la production électrique renouvelable, qui dépasse toutes les prévisions, est la vitrine de la transition allemande. Mais le succès n'est pas autant au rendez-vous dans d'autres secteurs. Le chantier de la rénovation thermique des bâtiments, bien que cité en exemple à l'étranger, est en retard sur le tableau de marche de la Energiewende. À la traîne surtout : la mutation des transports (... 40 % de l'énergie absorbée), encore peu marquée dans un pays où l'on défend farouchement les grosses cylindrées et l'absence de limitation de vitesse sur autoroute.

UNE HISTOIRE

De l'énergie verte et citoyenne

Phénomène parfaitement insolite, vu de France : en Allemagne, près de la moitié des capacités de production d'énergie renouvelable est détenue par des particuliers et des agriculteurs. Ils investissent dans des sociétés privées fondées par des riverains de parcs éoliens, s'impliquent dans des régies communales d'énergie et, bien souvent, fondent des coopératives (par exemple pour utiliser l'électricité produite par des panneaux photovoltaïques), héritage d'une tradition encore très vivace en milieu rural. On dénombre aujourd'hui près de 800 coopératives d'énergie, dix fois plus qu'il y a une décennie. Mi-2013, elles rassemblaient 131 000 membres, dont les investissements – 1,2 milliard d'euros – permettent de produire 580 millions de gigawattheures d'électricité verte par an.

UNE MACHINE À CRÉER DES EMPLOIS DURABLES

Du travail non délocalisable

Les comparaisons économiques entre modèles énergétiques sont souvent malaisées voire biaisées, comme on le constate régulièrement en France. Considère-t-on seulement les investissements ? Qui des coûts environnementaux ou sociaux, des provisions pour futur démantèlement, des frais financiers, etc. ? Il est plus aisé d'évaluer l'impact d'une politique de l'énergie sur l'emploi : combien de postes créés ou détruits, dans quel secteur, quelles régions ? Et il y a unanimité dans ce domaine : la transition énergétique, quel que soit son profil, devrait créer en nombre des emplois (directs, indirects, induits), et de bonne qualité (locaux, non délocalisables, pérennes). On pense aux innovations technologiques qui accompagneront ce vaste mouvement. Cependant, rien ne dit qu'elles ne seront pas captées par des pays concurrents mieux préparés. La source principale d'activité, et de très loin, sera la rénovation thermique des bâtiments existants.

L'ÉVOLUTION DES EMPLOIS DANS LE BÂTIMENT EN FRANCE D'ICI À 2030

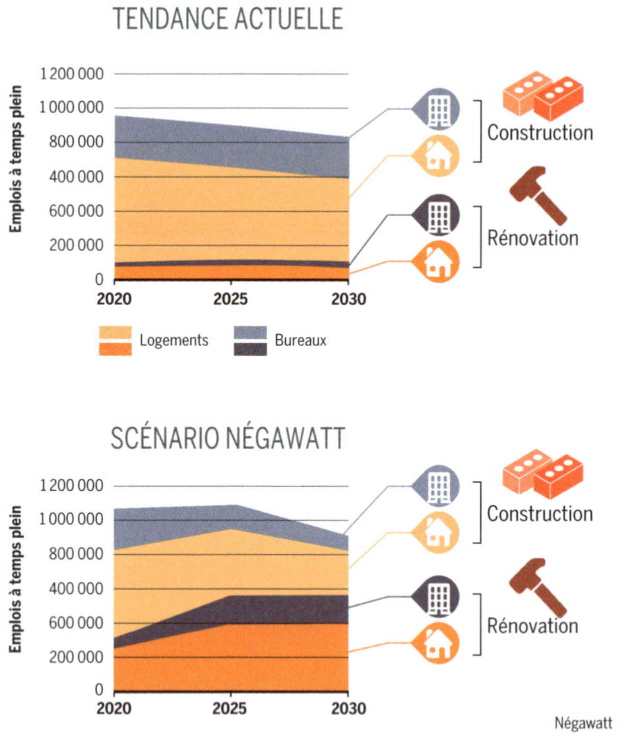

Négawatt

UNE HISTOIRE

La matraque à milliards

Pour asséner un bon coup sur la tête de ses opposants, rien ne vaut un chiffrage faramineux dépourvu de sens. Henri Proglio, patron d'EDF, a ainsi brandit une perte d'un million d'emplois si l'on fermait les centrales nucléaires. Chiffre critiqué jusqu'en interne : la filière compte en tout environ 240 000 emplois. Le PDG incluait la perte d'emplois… à venir créés par un hypothétique bond des exportations du savoir-faire nucléaire français. Autre exemple : la sortie du nucléaire allemand est évaluée à 250 milliards d'euros ? Un cadre français de la filière extrapole au cas de la France. Gros titres assurés, pour une facture de 750 milliards d'euros. Terrifiante et bidon : elle n'expose pas la comparaison avec le coût du maintien du statu quo. Or ce coût, fort difficile à évaluer aujourd'hui, serait du même ordre selon certains experts…

EN BREF

EN FRANCE

25 millions de logements et **850 millions de m²** de bureaux à traiter d'ici à 2050

Des milliers de postes dans le bâtiment

Environ 25 millions de logements et 850 millions de mètres carrés de bureaux ne sont pas aux normes souhaitables pour tenir les objectifs 2050. Or le rythme de destruction et de construction neuve performante traite annuellement moins de 1 % de ce parc. Selon l'association Négawatt, l'isolation des bâtiments à grande échelle, tâche centrale, promet d'ici à 2030 la création d'un surcroît de près de 600 000 emplois « permanents et majoritairement qualifiés » par rapport à la tendance actuelle. Autre pilier de la création d'emploi, les énergies renouvelables, où il existe déjà des références convaincantes. L'Allemagne indique que la transition énergétique a créé près de 400 000 emplois dans ce secteur au cours de la décennie écoulée. En France, le seul démantèlement des centrales nucléaires en fin de vie occupera des milliers de personnes pendant des décennies. En revanche, dans le transport, l'engagement de la transition énergétique dans les transports collectifs ne créera pas autant de postes qu'il s'en perdra dans le secteur routier non collectif (construction automobile, etc.).

80 % d'effet induit

Dernier « effet emploi » d'une transition énergétique : l'activité locale induite (maintenance, commerces, services…). Il est considérable, si l'on se réfère aux observations de la banque publique de crédit au cœur des mécanismes de financement de la transition énergétique allemande. Cette dernière a mesuré que chaque 1 euro d'aide investi dans la rénovation thermique par une collectivité locale lui rapportait entre trois et quatre fois plus. La transition énergétique de Négawatt, selon son calcul assez fouillé (sur quelque 80 postes), déboucherait sur une création nette totale de 632 000 emplois en 2030, dont plus de 80 % par effet induit.

LA TRANSITION ÉNERGÉTIQUE MOTEUR D'EMPLOI : L'EXEMPLE ALLEMAND

Entre 2005 et 2011, le nombre d'emplois liés aux énergies renouvelables a été multiplié par deux…

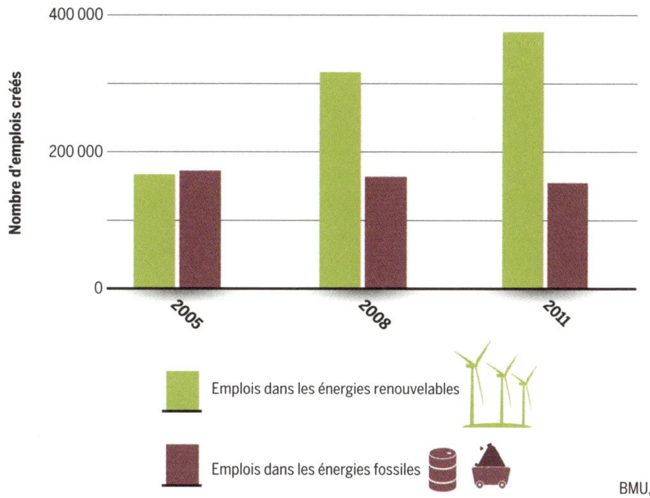

BMU, BMWI

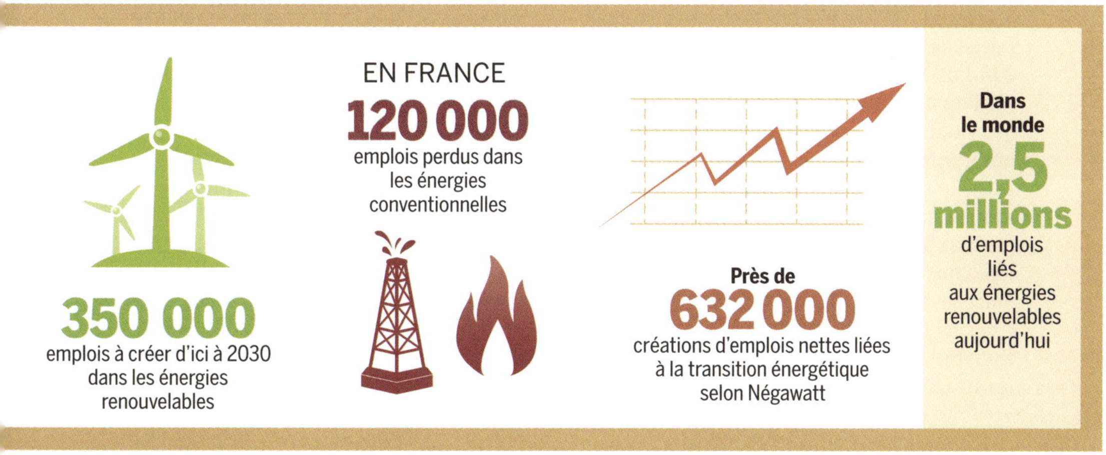

CLAUDE JEANDRON
Président de l'association « Sauvons le climat » (www.sauvonsleclimat.org)

Relocaliser l'industrie, accroître la production d'électricité nucléaire

Bien sûr, le défi consiste à réduire très fortement les émissions issues des énergies fossiles, mais à coût économique et social acceptable. Nous n'imaginons donc pas peser de manière excessive sur la consommation d'énergie. Il faudra apprendre à consommer nettement moins, mais sans rompre brutalement avec notre mode de vie ni mettre en péril notre économie. Si l'on s'engage dans des trajectoires trop extrêmes, notre pays sera incapable de s'aligner dans la course mondiale à la compétitivité.

Une partie des progrès récents en matière de CO_2 tient à la délocalisation de notre production, donc à « l'exportation » de nos émissions ! Et à coût climatique important, puisque la production d'électricité est souvent fortement carbonée dans les pays d'accueil des activités. Entre autres vertus, la relocalisation de l'industrie agira sur les émissions de CO_2 : à 75 % nucléaire et à 12 % renouvelable, l'électricité française est très peu carbonée. Par ailleurs, l'industrie a déjà beaucoup progressé en efficacité énergétique. Lui imposer trop de restrictions de consommation compromettrait la réussite de sa relocalisation.

Il faudra s'attaquer d'abord au charbon et au pétrole. Le gaz, moins émetteur, y contribuera de façon transitoire s'il remplace ces combustibles fossiles. À ce titre, le gaz de schiste a peut-être un rôle à jouer, si l'on parvient à l'exploiter dans des conditions environnementales acceptables.

Dans le bâtiment, il faudra de l'isolation, mais il n'est pas économique de viser des performances trop poussées. Pour atteindre les objectifs de division du CO_2, il faudra donc basculer sur des systèmes de chauffage « décarbonés » (pompes à chaleur, solaire thermique, biomasse, géothermie). Ainsi les usages de l'électricité vont augmenter dans le bâtiment, mais aussi dans les transports, qu'il faudra convertir largement à l'électrique, conjointement à une montée en puissance des biocarburants de deuxième génération.

Pour produire cette électricité, nous comptons d'abord sur le nucléaire, compétitif et dont la contribution absolue augmentera. Viendront ensuite les énergies renouvelables, dans des conditions techniques et économiques raisonnables, appuyées par quelques turbines à gaz pour pallier leur intermittence. Les réacteurs en fin d'exploitation pourront être remplacés par des modèles plus puissants et pouvant assurer le confinement des produits radioactifs du cœur en cas de fusion, ce qui n'était pas le cas à Fukushima.

> « La relocalisation de l'industrie agira sur les émissions de CO_2, l'électricité française étant très peu carbonée. »

Quant à la question de l'assurance du nucléaire en cas d'accident, le débat n'est pas si simple que certains le présentent. Faudrait-il se couvrir systématiquement pour tous les risques ? Les énergies fossiles ne cotisent pas pour leurs impacts sanitaires ni en prévision d'accidents climatiques futurs… Si l'on réévalue les polices d'assurance des exploitants de centrales, il conviendra de mettre aussi sur la table les coûts induits par toutes les filières. Comme l'électricité éolienne ou photovoltaïque, qu'on nous annonce proche de la compétitivité, mais du seul point de vue du consommateur : vu du réseau électrique, la multiplication des systèmes intermittents imposera des solutions de production de secours ou de stockage à coûts exorbitants, avec un impact très significatif sur le prix de l'électricité. •

THIERRY SALOMON
Président de l'association Négawatt (www.negawatt.org)

Nous avons marqué des points dans la bataille culturelle

En une quinzaine d'années, le travail qui a débouché sur la dernière version de notre scénario Négawatt, en 2011, nous a fait passer de gestes visant à limiter le gaspillage d'énergie à l'élaboration d'un vrai projet de société. À mesure que la démarche prenait de l'amplitude, nous constations qu'elle ne prenait tout son sens qu'à condition de réfléchir à l'équilibre global de la biosphère, mais aussi aux choix démocratiques.

Et l'on doit convenir que le problème du dérèglement climatique n'est pas qu'une contrainte exogène, pas plus qu'il ne concernerait que l'énergie. Ainsi il existe un lien étroit entre les formes d'urbanisme que nous adoptons et la consommation d'énergie. La transition énergétique doit donc se préoccuper de nos modes de vie, de l'organisation du travail. Peut-on imaginer la ville de demain, ou bien de nouveaux quartiers, sans viser une neutralité dans l'artificialisation des espaces, un réseau de transports collectifs adaptés, etc. ?

> « La transition énergétique implique de travailler avec des sociologues, des architectes et des urbanistes, des spécialistes de l'emploi ou des modes de vie. »

On voit également la nécessité de se préoccuper du volet social dans les études prospectives. Aujourd'hui, les calculs de productivité du travail s'appuient sur une norme de travail hebdomadaire de 35 heures ou plus. L'impact d'un partage plus important du temps de travail n'est pas pris en compte dans les modèles économiques, qui n'envisagent pas plus des hypothèses de prospérité sans croissance. Le débat s'en tient à la confrontation classique entre les approches libérale et keynésienne.

Autre champ : que fera-t-on de milliards économisés par la réduction des importations de combustibles fossiles que dessine la transition énergétique ? Les emplois rapatriés en France par la relocalisation des activités, pour produire quoi ? Et les gains de pouvoir d'achat des ménages conduiront-ils à l'augmentation des vols low cost ?

Ce genre de questions explique que nous ayons travaillé, à Négawatt, sur les modes de vie. Un exemple abouti : le jumelage avec le scénario Afterres pour l'agriculture en 2050, préparé par l'association Solagro et qui fait des hypothèses sur le contenu de notre assiette, notamment en diminution des produits animaux. Cette vision agace ceux qui voudraient restreindre l'exercice au seul objectif d'une division par quatre du CO_2 – la « décarbonation » de l'économie.

Alors oui, s'occuper du contenu de notre assiette et de la manière dont nous nous déplaçons, cela touche à des questions sociétales complexes. Cependant, la réflexion est indispensable et il est de plus en plus nécessaire de travailler avec des sociologues, des architectes et des urbanistes, des spécialistes de l'emploi ou des modes de vie. Nous avons marqué des points dans la bataille culturelle sur la transition, en imposant des débats qui n'avaient pas lieu jusqu'alors. Nous avons même été en partie rejoints dans notre approche par des scénarios plus institutionnels, comme celui de l'Ademe, très proche du nôtre (et même plus audacieux concernant la mobilité) voire celui de GDF. On voit s'imposer des hypothèses fortes : la division par deux de la consommation d'énergie en 2050, une très importante décarbonation de l'énergie, le recours massif aux énergies renouvelables, avec des solutions à leur intermittence, et un rôle clef pour la biomasse. •

LA TRANSITION ÉNERGÉTIQUE ?

II. CONSOMMER MOINS ET AVEC PLUS D'EFFICACITÉ

Vieux réflexe inculqué à l'époque de l'énergie abondante et bon marché : on augmente la production. Or la première leçon de la transition énergétique, quelles que soient les visions qu'en ont les uns et les autres, c'est qu'il faut réduire notablement nos consommations pour répondre au défi : l'énergie la moins problématique est celle que l'on n'aura pas eu à produire. Là encore, surprise et découverte encourageante, les gains potentiels sont considérables. Qu'il s'agisse de l'amélioration des processus de production de l'énergie, de la performance des machines, de l'élimination d'une foule de gaspillages quotidiens, de l'évolution de nos pratiques, il est possible, calculent les experts, de diviser nos consommations par trois d'ici à 2050, sans grande modification de nos modes de vie et même à confort accru : quand « moins », c'est « mieux ».

POINTS DE VUE D'EXPERTS

RÉDUIRE LES CONSOMMATIONS, LEITMOTIV DE LA TRANSITION

Une double révolution annoncée

L'ère de l'opulence énergétique est derrière nous : il y a une incompatibilité physique entre les objectifs climatiques et la croissance routinière des consommations d'énergie. De fait, aucun scénario de transition sérieux ne fait l'impasse sur leur baisse. Avec de grandes disparités : la réduction de la consommation énergétique à échéance 2050 va de 20 % à 65 % pour les scénarios étudiés lors du débat national sur la transition énergétique. Mais au-delà de la fin de l'orgie énergétique, une autre révolution profonde se dessine. Car la prépondérance des énergies renouvelables induira une forte décentralisation des systèmes énergétiques. Les lieux de production se fractionneront en centaines de milliers de toits photovoltaïques, en centaines de parcs éoliens… La gouvernance des questions d'énergie devra donc être partagée avec les collectivités locales, des groupements d'agriculteurs, des particuliers, alors qu'elle est aujourd'hui monopolisée par quelques acteurs majeurs : EDF, Total, GDF-Suez, Veolia, le ministère de l'Industrie, etc.

L'efficacité énergétique

Première voie pour faire chuter les consommations : mieux utiliser le pétrole, le gaz, l'électricité, le bois, etc., que nous consommons. C'est l'efficacité énergétique, qui implique d'améliorer les performance des appareils et des systèmes (production d'énergie, distribution, gestion…). Les gains potentiels sont immenses : nous n'en avons guère conscience, mais nous vivons dans un monde de très médiocre efficacité énergétique. Un exemple parmi d'autres : les bâtiments construits avant les années 1970 peuvent brûler dix fois plus d'énergie de chauffage que les meilleures constructions actuelles.

La sobriété énergétique

Seconde piste pour faire diminuer nos consommations : la sobriété énergétique, qui consiste à éliminer des usages considérés comme gaspilleurs ou superflus : lampes allumées dans une pièce vide, voiture démarrée pour parcourir 500 mètres, climatisation calée à 20°C par temps de canicule, etc. Les gains via la sobriété sont souvent éludés par les scénarios de transition parce qu'ils touchent aux modes de vie, sur lesquels la plupart des concepteurs rechignent à se prononcer.

CONSOMMATION D'ÉNERGIE PAR SECTEUR EN FRANCE EN 2011

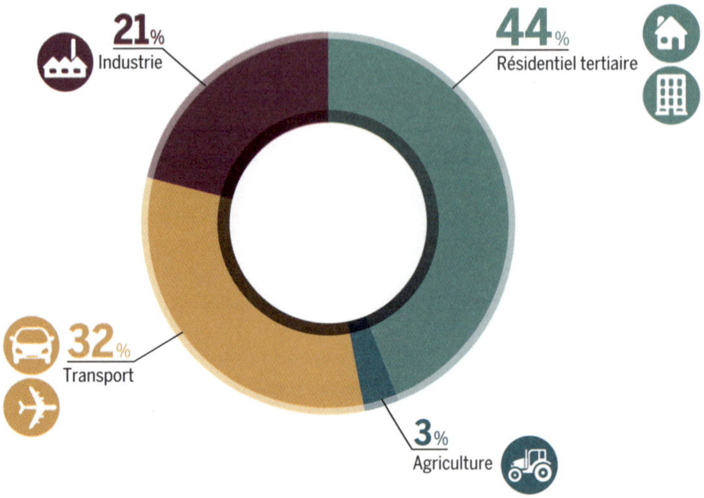

SOeS, 2011

ÉVOLUTION DE LA CONSOMMATION DES VOITURES PARTICULIÈRES ET DES DISTANCES TOTALES PARCOURUES EN FRANCE ENTRE 1990 ET 2005

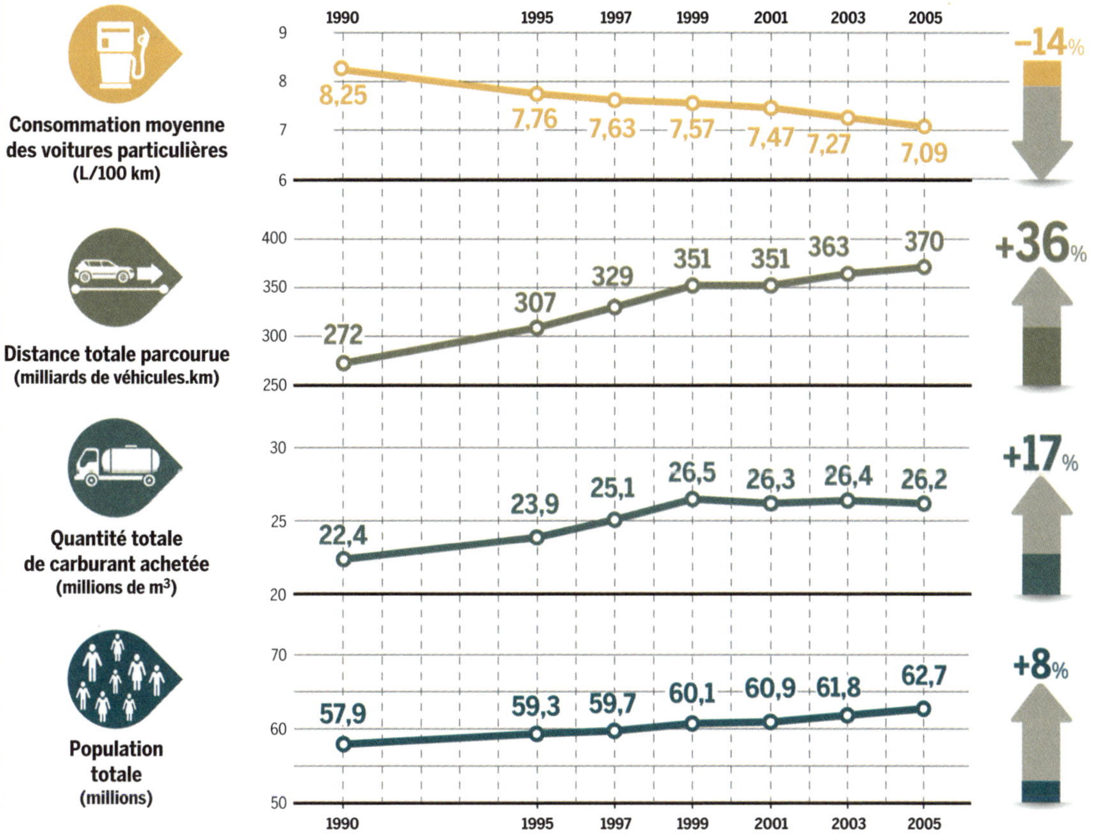

Ministère de l'économie, Insee

UNE HISTOIRE

Gare à l'effet rebond

Réponse agacée d'un « automobile club » à un écologiste qui soulignait la croissance des émissions de CO_2 : « Vous faites mine d'ignorer que la consommation des moteurs a été divisée par deux en cinquante ans. » Mais dans l'intervalle, le nombre de véhicule par foyer a augmenté et les distances parcourues aussi. Au total, un véhicule consomme annuellement plus de carburant qu'en 1970, et non pas deux fois moins comme le suggère leur gain d'efficacité unitaire. C'est « l'effet rebond », fréquemment vérifié. Les lampes fluocompactes sont-elle quatre fois moins énergivores que les anciennes « incandescence » ? On a tendance à les laisser allumées, à multiplier les points d'éclairage, etc. Résultat : en situation, les économies totales générées sont toujours (bien) inférieures au gain théorique. Quand on ne constate pas… une hausse ! Ce qui arrive quand se préoccupe uniquement d'efficacité des appareils en négligeant la sobriété des comportements.

EN BREF

Un moteur automobile disperse les **deux tiers** de l'énergie de son carburant en chaleur.

De l'uranium d'une centrale nucléaire au convecteur, les pertes du chauffage électrique atteignent les **trois quarts**.

BÂTIMENTS : LA BATAILLE DE L'ISOLATION

Le bâtiment au cœur de la transition énergétique

Consommation de chauffage, d'eau chaude, d'éclairage, d'énergie de cuisson et d'électricité : avec 18 % des émissions de gaz à effet de serre et, surtout, 44 % de l'énergie finale brûlée en France, le bâtiment est le poids lourd du bilan énergétique national. Certes, les normes de construction imposent aujourd'hui de hautes performances énergétiques, mais le parc de bâtiments se renouvelle extrêmement lentement…

L'ORIGINE DES PERTES THERMIQUES DANS UNE MAISON NON ISOLÉE

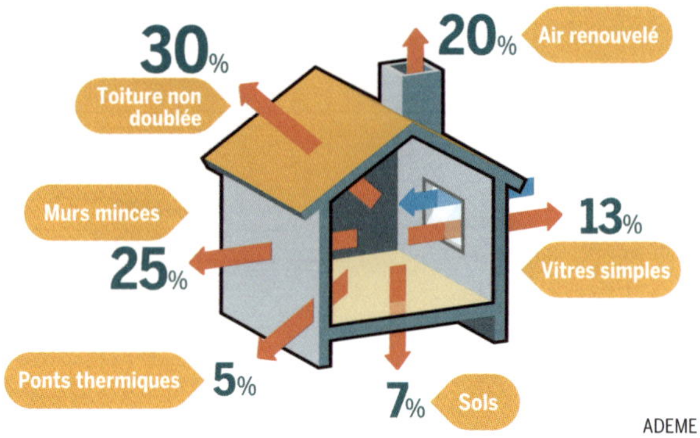

ÉVOLUTION DE LA CONSOMMATION ÉNERGÉTIQUE DES BÂTIMENTS EN FRANCE (SCÉNARIO NÉGAWATT)

Grâce aux modules solaires de production d'eau chaude et aux panneaux photovoltaïques panneaux, l'objectif est que les bâtiments produisent plus d'énergie que les besoins domestiques, le surplus étant livré au réseau et rémunéré.

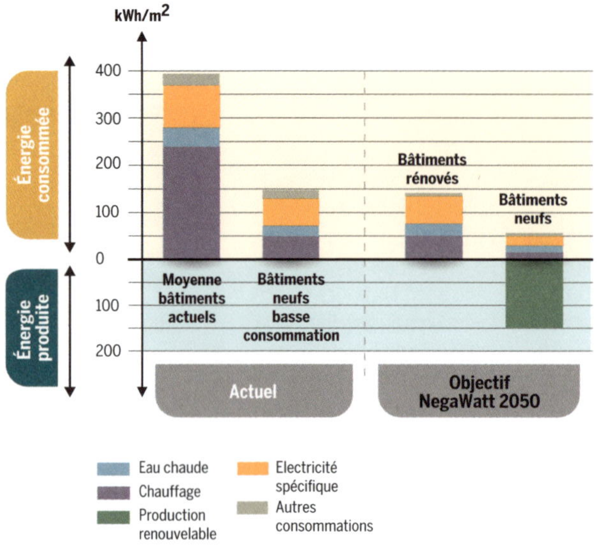

Le chauffage, gouffre énergétique

C'est surtout à cause du chauffage des bâtiments anciens que le secteur « résidentiel-tertiaire » est un gouffre énergétique : en moyenne 70 à 75 % de l'énergie qui y est brûlée l'est pour chauffer les lieux… L'inefficacité énergétique provient pour l'essentiel de la structure même des bâtiments anciens, qui laissent fuir la chaleur à gros bouillons. La bataille du bâtiment se résume donc, en priorité, à l'isolation thermique des constructions anciennes. Elle implique aussi un renouvellement des chaudières : un modèle antique dilapide jusqu'à 50 % du potentiel de son combustible contre 1 % à peine les plus performantes des chaudières actuelles. En plus des spectaculaires gains d'efficacité énergétique à aller chercher, il faudra aussi faire des efforts de sobriété et contrer certains glissements de nos modes de vie : nous utilisons de plus en plus d'eau chaude, la température des logements grimpe, le nombre de mètre carrés dont nous disposons dans les logements s'accroît.

Des exemples qui viennent du Nord…

L'Allemagne a mis au point un standard de construction dit « passif » : par la qualité de la conception et de l'isolation, les pertes thermiques ont été divisées par dix voire plus, au point qu'il est superflu d'y installer un système de chauffage – un petit appareil d'appoint suffit. Ces bâtiments modernes exploitent au mieux l'éclairage naturel et l'exposition au soleil, avec des toitures produisant de l'eau chaude (grâce à des capteurs thermiques) et de l'électricité (par des panneaux photovoltaïques). Et les techniques employées, classiques, sont transposables sans difficulté au secteur de la rénovation. Comment financer un vaste plan de rénovation thermique ? Là aussi, avec 100 000 à 200 000 unités traitées par an, et même si le rythme est encore deux à trois fois trop lent pour parvenir à une rénovation complète d'ici à 2050, l'Allemagne, a livré la stratégie gagnante : il y a quinze ans, des milliers d'opérateurs ont été formés et un mécanisme financier incitatif a été instauré (prêts à taux nul aux candidats à l'isolation « haut de gamme »). Les économies d'énergie remboursent l'emprunt, l'opération est financièrement quasi indolore pour les foyers. •

LE BILAN COMPTABLE D'UNE OPÉRATION D'ISOLATION : RENTABLE !

Simulation pour une maison ancienne de 100 m², isolée de manière à réduire la consommation de chauffage et en éliminant les gaspillages électrique.

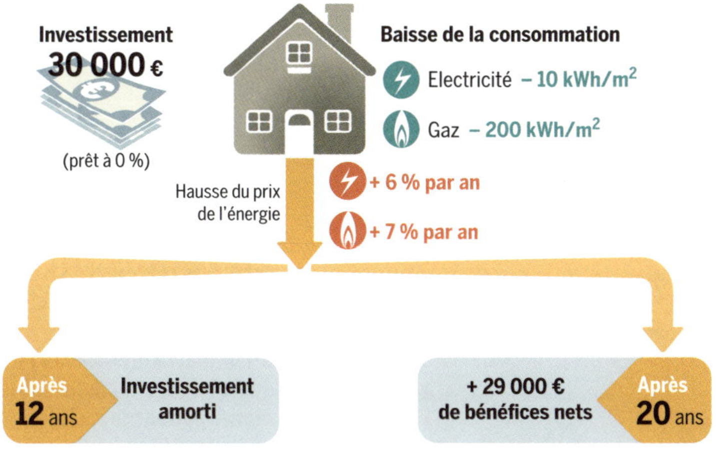

Enertech

UNE HISTOIRE

En Autriche, une rénovation « facteur vingt »

L'Autriche est en pointe dans le domaine de la rénovation thermique. En Haute-Autriche, les pouvoirs publics soutiennent des programmes visant une division moyenne de quatre à cinq des consommations d'énergie de chauffage après travaux. Mais des expériences pilotes montrent que l'on peut aller beaucoup plus loin. À Pettenbach, une maison rénovée en 2005 a vu sa consommation de chauffage passer de 280 à 14,6 kWh/m² par an, soit une division par vingt, tout en multipliant par deux la surface habitable ! Un effondrement tel de la facture que, moyennant les aides publiques, l'opération s'est révélée immédiatement rentable.

EN BREF

TEMPÉRATURE MOYENNE DES LOGEMENTS

1986
19 °C

2003
21 °C

SURFACE MOYENNE DES LOGEMENTS

1988
31 m²/personne

2006
40 m²/personne

Les nouveaux bâtiments ne comptent chaque année que pour 1 % d'un total d'environ 28 millions de logements et un milliard de m² de bureaux. Et l'on détruit à peine **0,1 %** d'édifices anciens.

Dans un bâtiment ancien **70-75 %** de l'énergie brûlée sert au **chauffage**.

MOBILITÉ : SORTIR DE LA DÉPENDANCE AU PÉTROLE ET À LA VOITURE

Un chapitre délicat...

Le chapitre de la mobilité (personnes et fret) est parmi les plus délicats des politiques de transition, car il cumule les obstacles de première grandeur : l'énergie des modes de transports est tirée à 95 % du pétrole et la route est hégémonique, avec de surcroît un règne du véhicule particulier. La transition devra donc extraire le secteur de la double dépendance au pétrole et à la voiture, avec des stratégies variables selon les territoires et les déplacements. Un chantier à l'échelle du demi-siècle, car le transport est un secteur où règnent bien des incertitudes : il nécessite d'agir sur les infrastructures (transports collectifs et inter-modalité [transfert rail-vélo, voiture-bus, etc.]), sur l'aménagement du territoire (densification des villes, développement cohérent des pôles d'emploi, etc.), mais aussi sur l'organisation de la société.

NOMBRE DE VOYAGES EFFECTUÉS EN VOITURE, EN TRAIN, EN AVION EN FRANCE (2008)

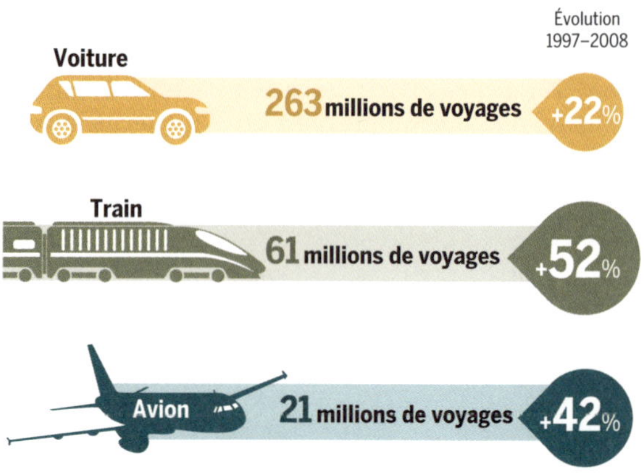

SOeS, Insee, Inrets, enquêtes nationales transports et déplacements

LES DÉPLACEMENTS DU DOMICILE VERS UN LIEU DE TRAVAIL FIXE ET RÉGULIER EN FRANCE

	1982	2008	Évolution 1982-2008
Population concernée (millions)	16,8	20,2	+20%
Distance moyenne aller/retour (km)	18	29,4	+63%
Durée moyenne aller/retour (minutes)	41	45,2	+10%

SOeS, Insee, Inrets, enquêtes nationales transports et déplacements

Se déplacer en réduisant les émissions

On peut agir sur les modes de transport, en favorisant les moins polluants au kilomètre-voyageur. Un rêve pas si inaccessible... Ainsi, en ville, la moitié des trajets soient inférieurs à 3 kilomètres et ces petits trajets sont parcourus en voiture six fois sur dix et souvent moins vite qu'en vélo. La priorité est à la promotion des transports « doux » (marche, vélo...) et collectifs (plus fréquents, en site propre, moins chers, etc.). Pour les distances dépassant quelques dizaines de kilomètres, les transports collectifs doivent être privilégiés (rail, car, co-voiturage).

UNE HISTOIRE

La ville qui a mis les transports au pas

Dans la Forêt noire allemande, une ville fait figure de vitrine mondiale en matière de mutation de la mobilité. À Fribourg-en-Brisgau, 220 000 habitants, à peine 30 % des déplacements se font en voiture. De 1982 à 1999, la ville a vu une hausse de 60 % de la part des transports en commun et surtout du vélo, utilisé plus d'une fois sur quatre, sur environ 500 km de pistes cyclables. La municipalité, très volontariste, a systématiquement favorisé les modes doux, ainsi que l'inter-modalité. Mieux... la mobilité a été au cœur même de la conception des écoquartiers Vauban et Rieselfeld. Densification, localisation de commerces et de services, création d'emplois, lignes de tramway : l'urbanisme contribue pleinement à une mobilité sobre et au recul de la voiture.

EN BREF

Aujourd'hui, en ville,
60 %
des trajets d'une distance **inférieure à 3 km** sont parcourus en voiture.

L'énergie des transports est tirée à **95 %** du **pétrole**.

Réduire les distances... et les déplacements

Les déplacements « contraints » (entre domicile, travail, commerces et services, etc.) augmentent régulièrement. La densification des villes, la lutte contre l'étalement urbain ou le rapprochement des pôles d'emploi et d'habitation sont des leviers puissants pour les limiter. De nouvelles pratiques, comme le commerce en ligne, le télétravail, la mutualisation de locaux ou le co-voiturage, éliminent de nombreux trajets. Côté fret, il est impératif de favoriser le ferroviaire et le fluvial sur le routier. Et, côté économie, de rapprocher les zones de production des matières et denrées des zones de consommation. Il faudra également peut-être limiter certains déplacements « choisis ». L'intérêt commun s'accommodera-t-il de la multiplication d'escapades de trois jours en avion ?

LES MODES DE TRANSPORT UTILISÉS POUR LES DÉPLACEMENTS LOCAUX EN FRANCE

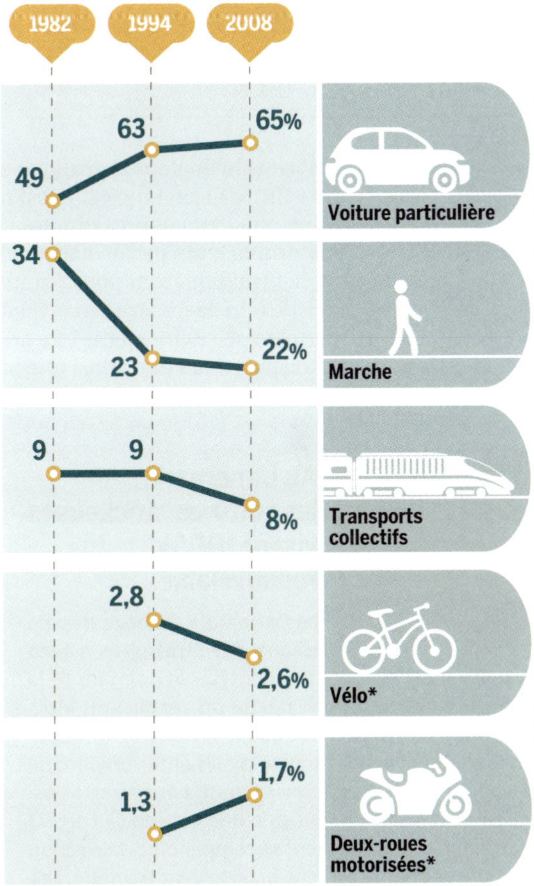

* Vélos et deux-roues motorisés n'étaient pas distingués dans l'enquête de 1982. Ils représentaient à eux deux 9 % des déplacements.

SOeS, Insee, Inrets, enquêtes nationales transports et déplacements

LES MODES DE DÉPLACEMENT DES PERSONNES EN FRANCE : 2010 VERSUS SCÉNARIO NÉGAWATT

Un km/voyageur = transport d'un voyageur sur un kilomètre

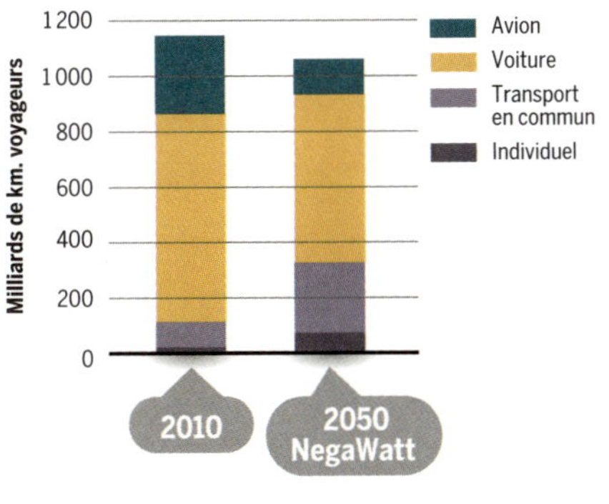

DEMAIN, LA VOITURE CITOYENNE

LES ÉMISSIONS DE CO_2 DES VOITURES NEUVES EN FRANCE

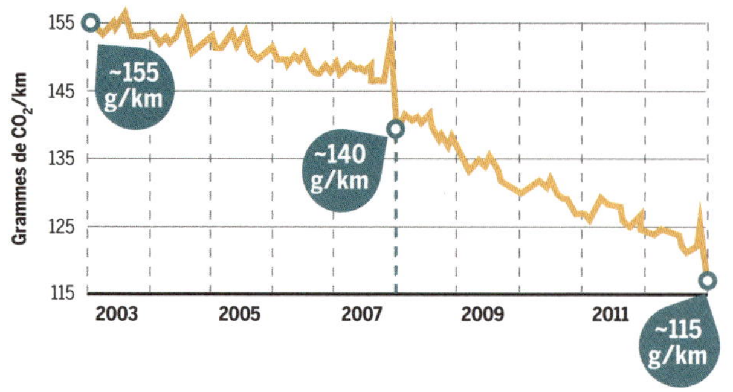

SOeS, fichier central des automobiles-SIDIV

Des « moteurs citoyens »

Effet de serre, pollution, embouteillages… Le règne de la voiture triomphante – plus d'un milliard d'exemplaires dans le monde – semble bien terminé. Cependant, aucun scénario n'envisage sa marginalisation. Ainsi l'équipe Négawatt envisage qu'elle assurera 42 % des kilomètres-voyageurs en 2050 (contre 65 % aujourd'hui). Alors, à quoi ressemblerait la voiture de demain ? Il est d'abord impératif d'améliorer l'efficience des moteurs actuels. La France se veut pionnière dans la voiture « 2 litres aux 100 km » (soit moins de 50 grammes de CO_2 au kilomètre), en particulier grâce à l'hybride (moteur thermique-électrique). Objectif irréaliste pour 2018 ? L'essor de la voiture électrique est aussi attendu. Cependant, les batteries, dont la recharge dure plusieurs heures, limitent son autonomie à 150 kilomètres. Mais même à supposer que leurs performances explosent, les matières premières (lithium, en particulier) manqueront pour équiper la majorité du parc. Et comment produire l'électricité (qui devra être renouvelable) pour couvrir l'énorme demande induite et gérer les approvisionnements ? Le scénario Négawatt, le plus développé au chapitre des transports, imagine ainsi que la voiture électrique ne captera que 16 % du total des kilomètres-voyageurs en 2050.

UNE HISTOIRE

Au Danemark, les voitures stockeuses visent 100 % renouvelable

Le Danemark élabore depuis 15 ans des stratégies « zéro carbone » 2050. Côté transports – le point dur – la biomasse fournirait une partie du carburant. Mais Copenhague s'appuierait aussi sur une formidable production éolienne, à même d'alimenter un parc de véhicules électriques conséquent. Leurs batteries, quand elles sont branchées sur le réseau (à l'arrêt) pourraient alternativement se remplir ou… délivrer un peu de leur charge au réseau, si le vent manque. Les conducteurs qui accepteraient de participer à ce mode de gestion de l'intermittence de l'éolien toucheraient une rémunération.

ÉMISSIONS DE GAZ À EFFET DE SERRE EN FRANCE LIÉES AUX DIFFÉRENTS MODES DE TRANSPORT

Citepa 2013

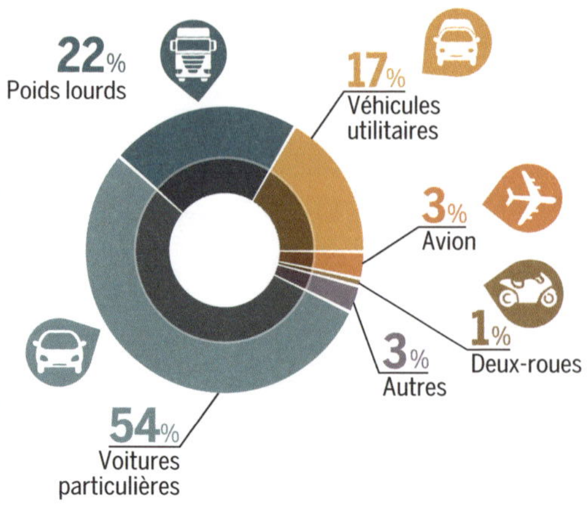

Des « carburants citoyens »

La transition énergétique ne signe pas la fin des moteurs thermiques. Ce qui doit changer, c'est le carburant qui les fait tourner… Les agrocarburants, produits à partir de végétaux, ont fait un temps miroiter des espoirs, mais ils sont bien retombés. Ces alternatives à l'essence ou au fioul, qui comptent pour 6,7 % des carburants en France en 2010, sont pour l'essentiel produites à partir de maïs, blé, huile de palme, canne à sucre, betterave, soja, etc., avec des impacts préoccupants sur les marchés alimentaires (baisse des approvisionnements, hausse des prix), l'environnement (déforestation, monocultures) et les petits paysans du Sud, chassés ou exploités. Des études montrent même que le bilan climatique global est… négatif, notamment si la culture a lieu sur des parcelles déboisées pour l'occasion. On annonce des agrocarburants bien plus acceptables, à base de déchets végétaux, mais à quel prix et quand ?

Autre option : le méthane (CH_4). Marginal dans le parc auto actuel (c'est le gaz naturel véhicule, GNV), plusieurs scénarios (dont Négawatt en France) misent sur son essor. Non pas issu des gisements fossiles, mais produit par la biomasse et la méthanation (combinaison de CO_2 et d'hydrogène H_2 produit avec de l'électricité renouvelable, voir p. 74). Le « bilan effet de serre » est nul et les moteurs actuels peuvent consommer le méthane moyennant une adaptation mineure. •

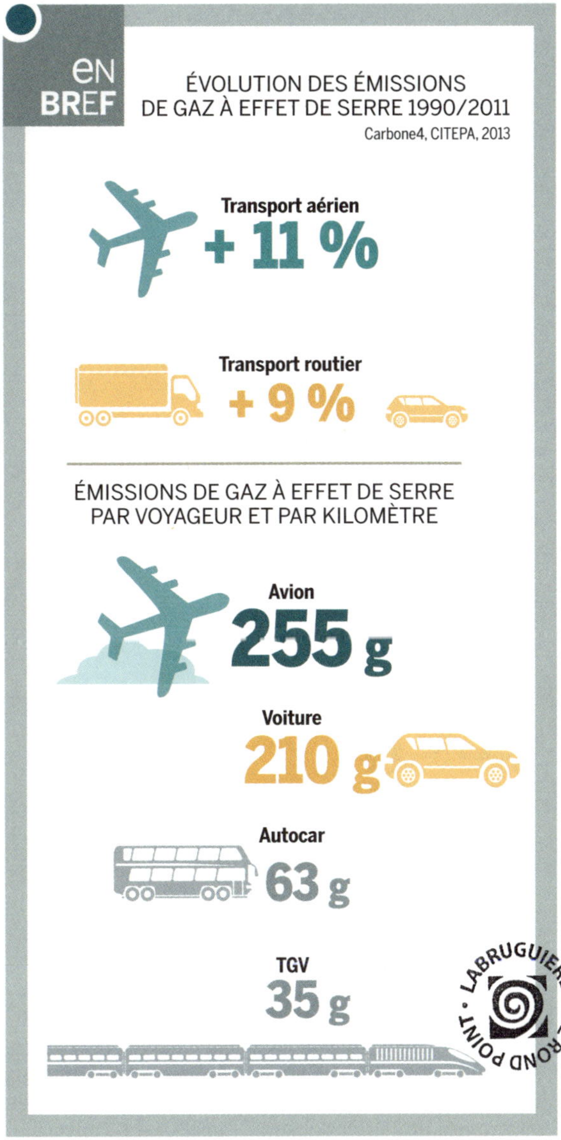

Des « usages citoyens »

Devenir « usager » plutôt que propriétaire : l'évolution des mentalités est en cours vis-à-vis du véhicule particulier, utilisé moins 5 % du temps (40 minutes par jour), pour transporter 1,8 passager en moyenne. Dans le scénario Négawatt, la location de courte durée ou le co-voiturage limitent le nombre de véhicules en circulation et ces derniers sont mieux remplis – 2,3 passagers en moyenne par voiture, pour 2050. •

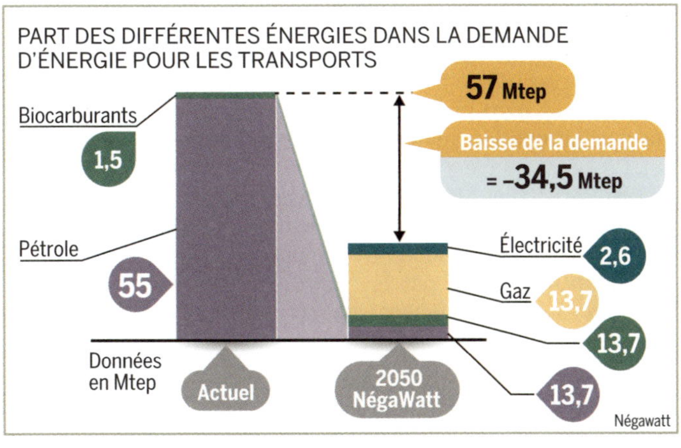

LES GISEMENTS INSOUPÇONNÉS DE L'INDUSTRIE

ÉMISSIONS DE GAZ À EFFET DE SERRE LIÉES À L'INDUSTRIE (1990-2011)

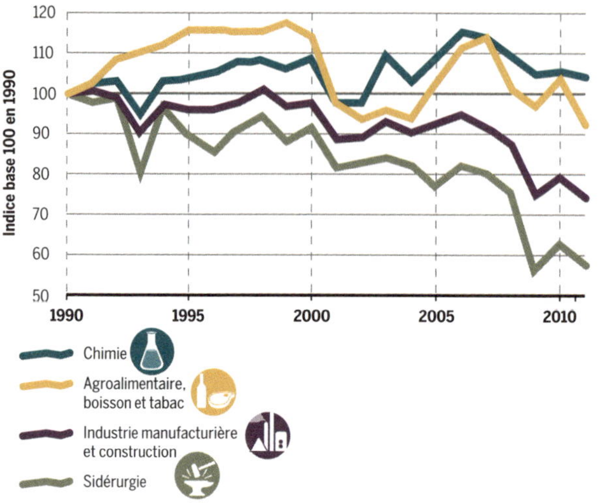

Citepa, 2013

UNE HISTOIRE

Interface, la conversion d'un patron

Un jour de grand questionnement, en 1994, Ray Anderson s'est converti. Fondateur d'Interface (États-Unis), premier fabricant de moquette au monde, il lance la « Mission zéro » : en 2020, son entreprise devra avoir éliminé tous les impacts négatifs de son activité sur le climat, l'eau, etc. Le dirigeant (décédé en 2011) décortique Interface de fond en comble : les revêtements deviennent modulaires (pour échanger pièce à pièce les plus usées), on récupère les chutes, des fibres naturelles remplacent le plastique. Relocalisation des usines, émissions de CO_2 compensées, énergies renouvelables, déchets réduits, etc. En 2012, Interface avait parcouru plus de la moitié du chemin. L'entreprise est l'une des plus appréciées du public Outre-Atlantique.

Le scénario « Ceren »

On l'ignore généralement : l'industrie – 21 % de l'énergie consommée en France et sensible à ses coûts croissants – est meilleure élève que le bâtiment ou le transport. Pendant la décennie 2000, les besoins des usines ont reculé de près de 1 % par an en moyenne, alors que leur production augmentait. Ce « découplage » traduit une utilisation plus efficace de l'énergie. Toutefois, la relative sobriété énergétique de l'industrie s'explique aussi par le recours croissant à la délocalisation d'usines dans des pays à faible coût de main d'œuvre ainsi qu'au recours à l'importation.

De nombreux gisements d'économies d'énergie sont accessibles concernant l'industrie. Une analyse menée en 2008 par le Centre d'études et de recherches économiques sur l'énergie (Ceren, groupement d'intérêt économique associant des institutionnels et des industriels, qui mène des enquêtes depuis plus de 50 ans) a montré qu'une baisse d'un tiers des consommations étaient envisageable à l'horizon 2050. Le meilleur usage de l'énergie représente les gisements d'économies les plus accessibles avec, dans la moitié des cas, des retours sur investissement en moins de trois ans…

EN BREF

C'est la quantité de prospectus publicitaires que reçoit un ménage chaque année

TAUX DE RECYCLAGE NÉGAWATT

Plastique		Aciers	
ACTUEL	2050	ACTUEL	2050
5 %	30 %	50 %	90 %

Le scénario Négawatt

Le scénario Négawatt propose une approche très systématique, avec des implications profondes : il ne s'agit plus de produire pour tenter de vendre ensuite, mais de partir des besoins de produits finis puis de remonter la chaîne de production pour en déduire les quantités de matériaux et d'énergie nécessaires, en adoptant des mesures de sobriété et d'efficacité énergétiques à toutes les étapes. Et les évolutions de société doivent induire une diminution des besoins en matériaux : moins de papier (disparition des prospectus publicitaires), moins de béton (rénovation des bâtiments avec des matériaux écologiques), moins d'engrais (développement d'agricultures écologiques), etc. Le scénario applique à l'industrie les principes de l'économie « circulaire » (produits réparables, recyclage poussé, valorisation des déchets, etc.) et envisage une généralisation de la récupération de chaleur dans les processus et sur les moteurs électriques (co-génération). De plus, en cohérence avec la réduction des transports, le scénario mise sur une relocalisation du secteur productif. Au total, en 2050, Négawatt estime possible de diviser par deux la consommation de l'industrie et par trois ses émissions. •

LES GISEMENTS D'ÉCONOMIES D'ÉNERGIE SELON LE SCÉNARIO CEREN

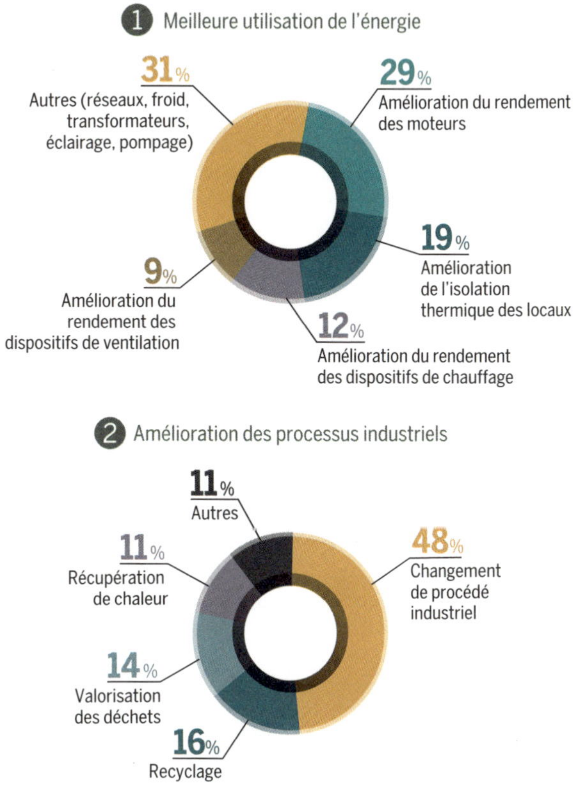

Ceren

ÉMISSIONS DE GAZ À EFFET DE SERRE DE L'INDUSTRIE MANUFACTURIÈRE ET DE LA CONSTRUCTION EN FRANCE

	1990	2011
Total	87	65
DONT Sidérurgie	23	13
Chimie	20	21
Agroalimentaire, boissons et tabac	9	8

Données en millions de tonnes équivalent CO_2

COMBUSTIBLE ET ÉLECTRICITÉ NÉCESSAIRES POUR PRODUIRE ET RECYCLER DIFFÉRENTS MATÉRIAUX

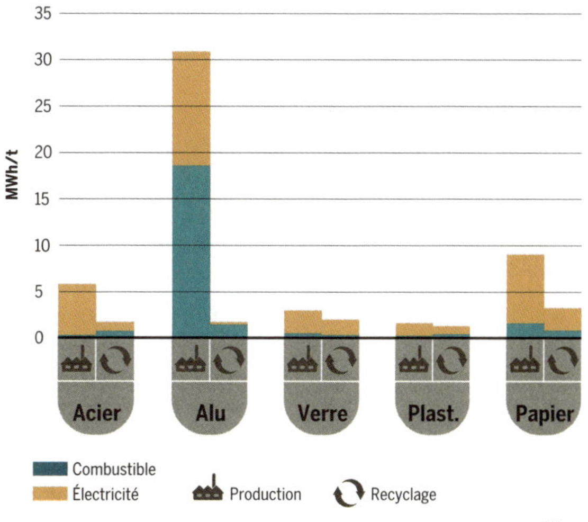

Négawatt

L'AGRICULTURE : ALIMENTATION ET ÉNERGIE

SCÉNARIO « SOLAGRO » D'ÉVOLUTION DES APPORTS ALIMENTAIRES EN PROTÉINES

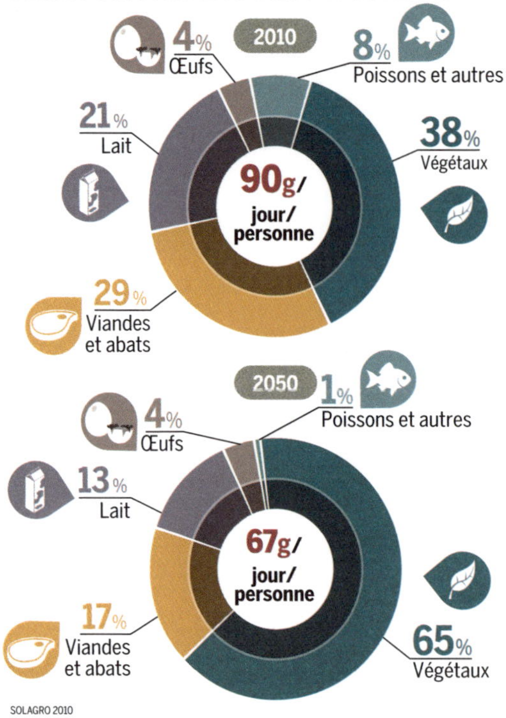

SOLAGRO 2010

Objectif : réduire les émissions de gaz à effet de serre

Élevage et cultures comptent pour à peine 3 % de la consommation énergétique de la France. Le débat national sur la transition énergétique s'est donc peu étendu sur les enjeux de l'agriculture. Ils sont pourtant loin d'être négligeables. Car les activités agricoles comptent pour 20 % aux émissions de gaz à effet de serre ! En cause, principalement : le méthane (CH_4), relâché par les ruminants et certaines cultures comme le riz, et le protoxyde d'azote (N_2O) issu de l'emploi des engrais. Réduire les émissions de l'agriculture contribuerait donc à alléger le fardeau « CO_2 » du secteur de l'énergie. L'étude « Agriculture et facteur 4 »* a exploré les marges de réduction d'émission du secteur. Exercice exigeant : en 2050, le territoire devra nourrir 72 millions d'habitants, 10 % de plus qu'aujourd'hui.

* Ademe, Solagro, ministère de l'Agriculture

Révolutions dans les champs et les assiettes...

Le plus volontariste des scénarios de l'étude « Agriculture et facteur 4 » parvient à diviser par 3,2 les émissions de gaz à effet serre liées à l'agriculture. Dans les champs, il s'agir, de réduire à un tiers (contre 97 % actuellement) la part des méthodes conventionnelles (usage intensif d'engrais et de pesticides) et de gagner partout en efficacité énergétique (production d'engrais, gestion des déchets, performance des équipements). Côté assiette, l'objectif premier est de réduire notablement les portions de protéines animales, dont la production génère le plus de gaz à effet de serre. Nous mangerons ainsi moins de viande, réduction qui cible essentiellement les bovins, ruminants émetteurs de CH_4. Ce rééquilibrage au profit des apports végétaux rejoint les préconisations sanitaires dans la lutte contre les maladies cardio-vasculaires. Les gaspillages alimentaires seront combattus et les exportations diminuées de moitié afin de réduire cet important poste de consommation d'énergie de transport.

LE GASPILLAGE ALIMENTAIRE À ÉCHELLE MONDIALE

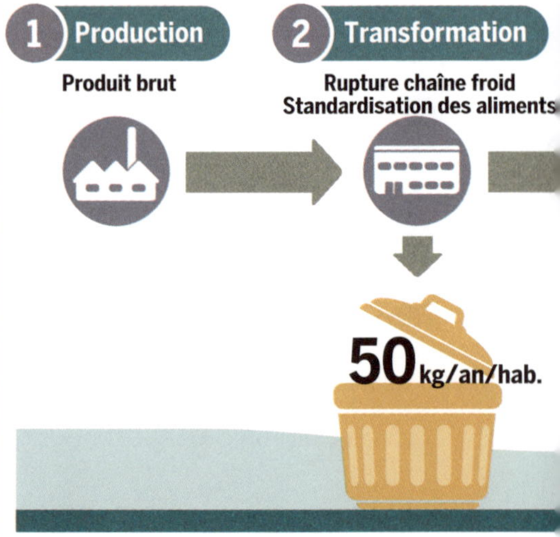

Source : FAO 2011

UNE HISTOIRE

Les régimes alimentaires de demain devront comporter moins de viande. La viande coûte cher à produire en énergie, en CO_2 relâché par les ruminants, en eau et en terres cultivables

Crédit photo

Transition agricole à la cubaine

Les scénarios de mutation agricole radicale sont-ils crédibles ? Cuba apporte une réponse encourageante. Après l'effondrement de l'URSS, le pays fait basculer son agriculture sucrière dédiée à l'export et dépendante d'importations soviétiques (engrais, pesticides, pétrole, machines...) vers un modèle vivrier exploitant les ressources de l'île. Un million d'hectares sont redistribués aux paysans et les techniques d'agriculture biologiques deviennent la norme. Une agriculture urbaine écologique se met en place, fournissant parfois l'intégralité des besoins des villes en légumes. De 1994 à 2009, l'apport calorique de la population s'est accru de près de 40 %, selon la FAO, pour atteindre le niveau de l'Union européenne.

L'agriculture, pourvoyeuse d'énergie

Autre contribution potentielle de l'agriculture à la transition : en raison de la réduction des pâturages et des cultures destinées à l'alimentation animale (le cheptel bovin serait divisé par cinq dans le scénario précédent), le bilan net « libère » une dizaine de millions d'hectares de terres arables. Elles pourront être affectées à des cultures « énergétiques » : production de biogaz, de carburants ou de combustibles. Plusieurs scénarios de transition (dont Négawatt) attribuent à la biomasse une place déterminante dans la production d'énergie renouvelable à l'horizon 2050 (voir partie 3).

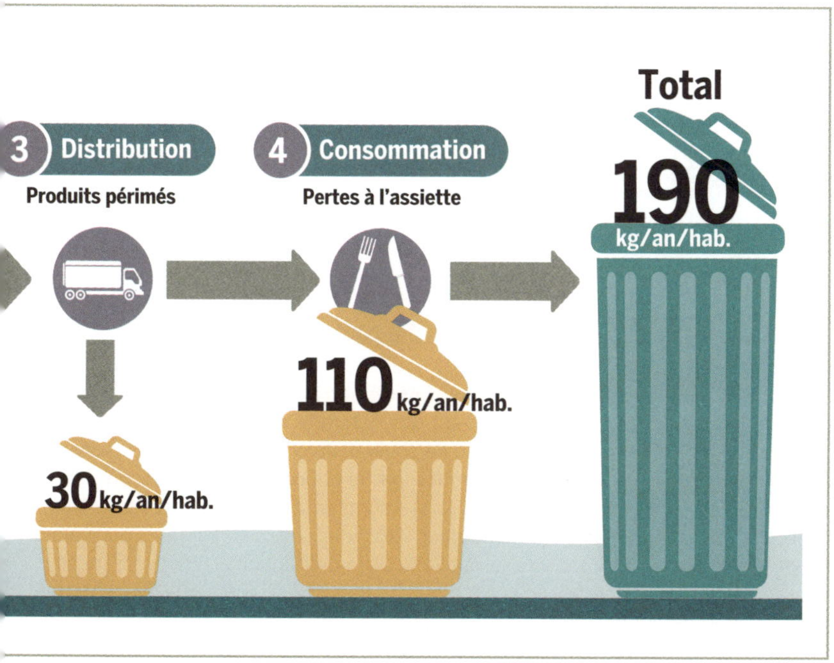

EN BREF

Apports journaliers en protéines conseillés (AJR)

52 g/personne

France

90 g/personne
(173 % des AJR)

20 % **de la production alimentaire** mondiale **est jetée.**

ÉLECTRICITÉ : LES FOYERS EN PREMIÈRE LIGNE

Les familles et le glouton électrique

Un poste de consommation d'énergie domestique a subrepticement explosé ces dernières années : l'électricité « spécifique », qui regroupe les usages exclusivement dépendant de cette énergie : électroménager, électronique et communication pour l'essentiel. Il y a peu encore, le poste « froid » était le poids lourd du budget électrique. Mais le fauteur d'orgie électrique est autre désormais : l'électronique. Écrans, décodeurs, box, lecteurs DVD, ordinateurs, imprimantes, scanneur, chaînes hi-fi, téléphones mobiles, tablettes, consoles de jeu, etc., ces nouveaux gloutons consomment presque autant que le réfrigérateur et le congélateur, quand la plupart d'entre eux étaient rares ou absents à domicile il y a quinze ans. Certes, un écran mobilise bien moins de puissance électrique qu'un lave-linge. Mais il peut fonctionner plus de douze heures par jour et en plusieurs exemplaires à domicile : c'est la multiplication des appareils électroniques et l'utilisation que nous en faisons qui sont en cause. Ainsi, il est fréquent de les laisser allumés alors que nous n'en avons plus l'usage.

Et les mises en veille automatiques sont trompeuses : telle une fuite sur un lavabo, cette fonction consomme en permanence et il n'est pas rare que le gros de la facture d'électricité d'un appareil provienne de ces longues périodes d'inutilisation. Plus vicieux encore : l'appareil consomme parfois en mode « éteint » ! Dès que la prise est branchée, des organes consomment clandestinement.

PART DE MARCHÉ DES APPAREILS ÉLECTROMÉNAGERS LES MOINS ÉNERGIVORES

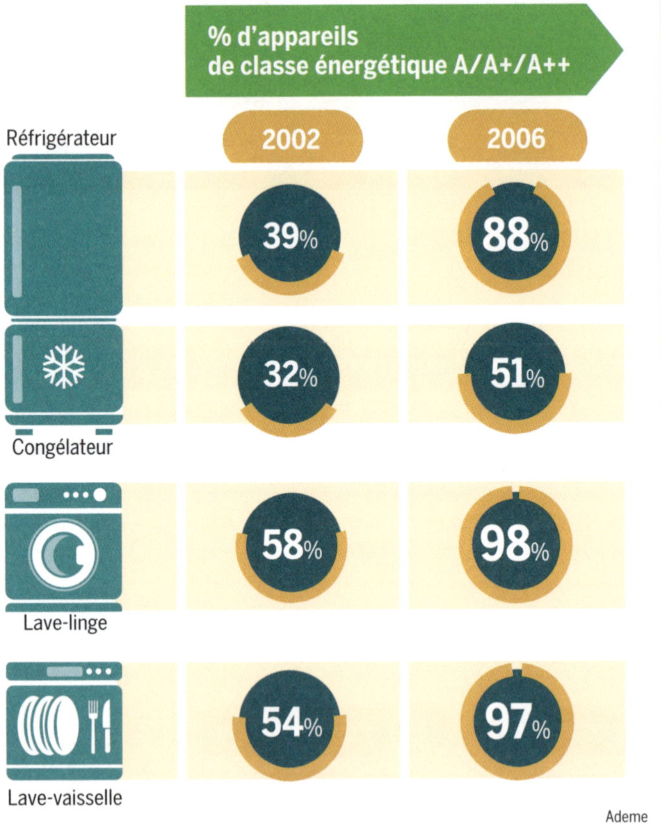

Ademe

UNE HISTOIRE

Les grille-pain sont cuits

Le chauffage électrique, si longtemps promu par EDF, est une calamité énergétique. Pour délivrer 1 kWh de chaleur, un convecteur – une résistance échauffée par le courant électrique (comme un grille-pain) – aura consommé en amont de 3 à 4 kWh d'énergie ! Cela tient au rendement très médiocre des réacteurs nucléaires (moins de 35 %), qui assurent 75 % de la production électrique française, ainsi qu'aux pertes en ligne, d'autant plus importantes que les centrales sont éloignées des centres urbains. Des pays comme le Danemark ont banni ce mode de chauffage en raison de son inefficience.

Comment lutter contre la gabegie ?

Il s'agit pour beaucoup d'une affaire individuelle.

- **Bien choisir ses appareils**

Des réglementations incitent les industriels à fabriquer des appareils sobres et peu gourmands en mode veille. Cependant, à chacun de lutter contre le suréquipement, et de prêter attention à la consommation. Hélas, les « nouveaux gloutons » ne sont pas encore tenus d'afficher une « étiquette énergie ». Il faut donc chercher l'information. Le programme Energy Star (www.eu-energystar.org/fr) y aide en délivrant son logo aux appareils les plus sobres. Pour un équipement informatique, l'économie d'énergie, sur la durée de vie, peut atteindre des centaines d'euros.

- **Mieux utiliser ses appareils**

Il s'agit d'ajuster les réglages (luminosité des écrans, délai de passage en mode veille, etc.) pour limiter la consommation et, tout simplement, d'éteindre après tâche les appareils qui ne sont pas fréquemment utilisés (scanneur, imprimante, etc.).

- **Éliminer les consommations cachées**

Là aussi, c'est simple : ne maintenir active la fonction veille qu'en cas de réutilisation prévisible à court terme, sinon, éteindre. Et brancher l'appareil via une barrette multiprises à interrupteur : la position « arrêt » coupe avec certitude toute consommation parasite.

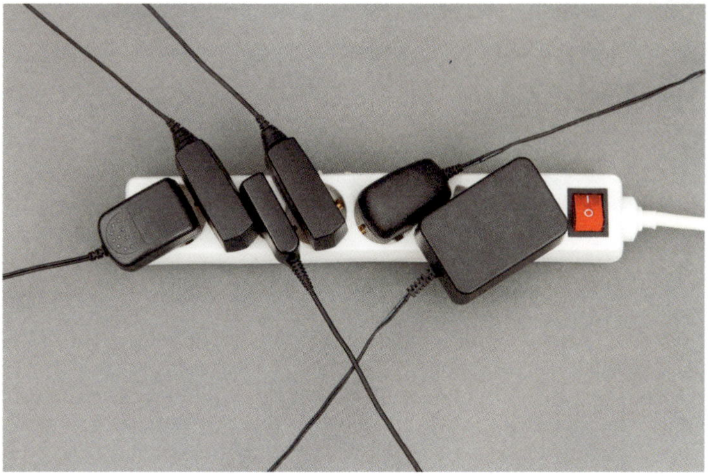

Une amie des économies d'électricité...

CONSOMMATION MOYENNE D'ÉLECTRICITÉ SPÉCIFIQUE PAR FOYER (FRANCE 2010)

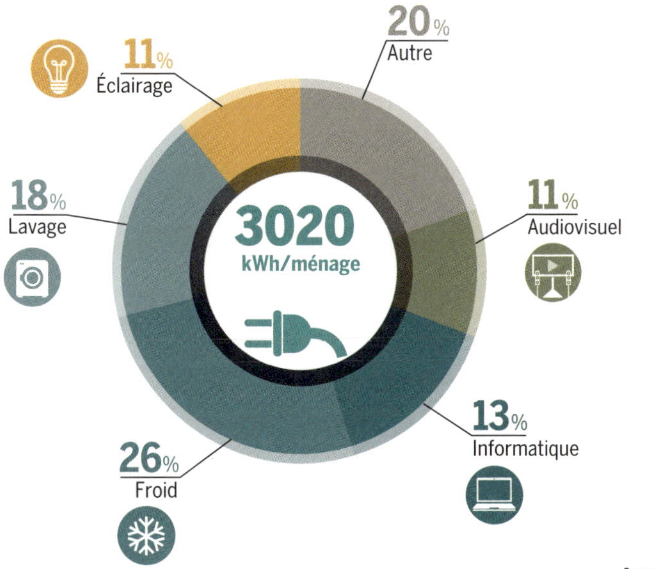

Ceren

EN BREF

PART DE LA CONSOMMATION D'ÉNERGIE DES RÉSIDENCES PRINCIPALES EN FRANCE

	1982	2011
Électricité spécifique	8 %	16 %
Chauffage	79 %	68 %

En moyenne, les ordinateurs allumés sont inutilisés pendant **80 %** du temps.

PÉNALISER LE CO_2 POUR FAIRE RECULER LES ÉNERGIES FOSSILES

La voie réglementaire

La première voie pour « frapper au CO_2 » les énergies fossiles est réglementaire. Ainsi, le Protocole de Kyoto a imposé des objectifs aux pays industrialisés. Ils avaient le choix des moyens. Une majorité a privilégié des mécanismes de compensation, prisés pour leur souplesse, mais dont la complexité rend difficile le contrôle. Ainsi des nations se sont acquittées d'une partie de leurs engagements en investissant dans les pays du Sud : production d'énergie renouvelable, plantation d'arbres (ils absorbent du CO_2 pendant leur croissance), etc. Intérêt : ces opérations y sont moins coûteuses qu'« à la maison ». Autre type de mécanisme, instauré par l'Union européenne en 2005 : un système de quotas d'émissions de CO_2, attribués aux industries fortement concernées (sidérurgie, papeteries, cimenteries, etc.). Pour respecter son plafond, une entreprise a le choix de réduire ses émissions, ou bien d'acheter des quotas (1 quota = 1 tonne de CO_2) à une autre entreprise, qui ne les a pas tous utilisés parce qu'elle a déjà atteint son objectif de réduction d'émissions. Ce système n'a cependant que très médiocrement fonctionné jusqu'à présent, car les États ont distribué trop de quotas : leur prix a chuté, ce qui n'incite par à investir pour réduire le CO_2.

EN BREF

Selon les engagements du protocole de Kyoto, l'Union européenne devait, en 2012, avoir **réduit de 8 %** ses émissions de **CO_2** par rapport à leur niveau de 1990. Elle y est parvenue.

LE PRINCIPE DU MARCHÉ DES QUOTAS D'ÉMISSIONS DE CO_2

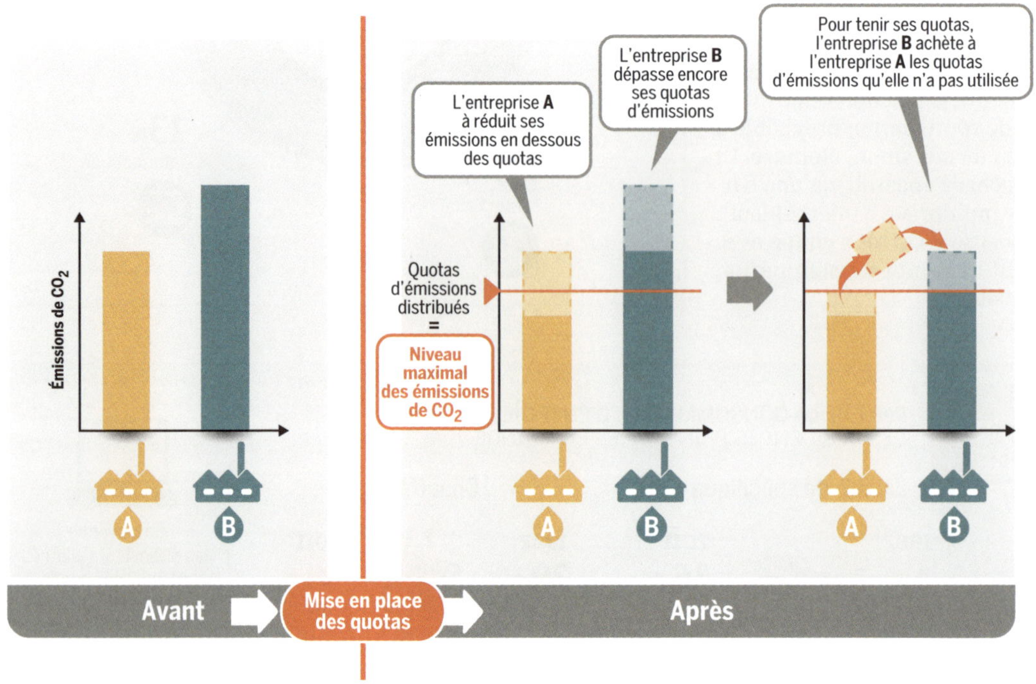

La voie fiscale

ÉVOLUTION DU COURS DES QUOTAS D'ÉMISSION DE CO_2 DANS L'UNION EUROPÉENNE (2006-2013)

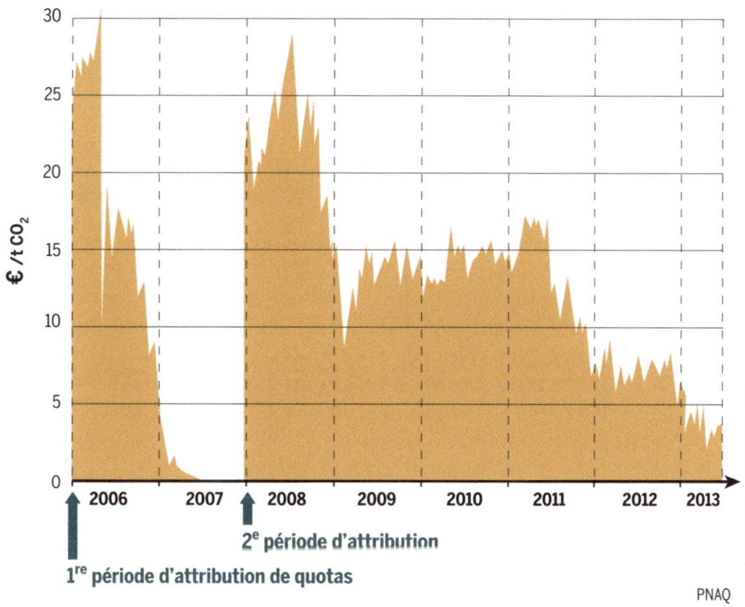

PNAQ

Seconde voie pour « frapper les fossiles au CO_2 » : la fiscalité. L'État prélève un pourcentage sur la vente des produits pétroliers, gaziers, charbonniers, en fonction de critères qu'il ajuste. Plus le niveau de taxe est important, moins les énergies fossiles sont compétitives face à leurs concurrentes.

Pour autant, la fiscalité « carbone » est à manier avec doigté : il est souvent nécessaire de lui adjoindre des atténuateurs pour éviter qu'elle ne pèse trop sur les populations les plus défavorisées. Une première tentative française a ainsi été retoquée en 2009 par le Conseil constitutionnel pour ses effets inégalitaires. Quant au bonus-malus favorisant ou défavorisant les voitures neuves selon leurs émissions, il a été qualifié de « taxe CO_2 », mais il n'intervient qu'une fois, à l'achat. Depuis avril 2014, il existe bien un prélèvement spécifique sur certains combustibles « carbonés », mais il est quasiment indolore, et les carburants en sont exonérés jusqu'en 2015 au moins. Si les esprits commencent à se familiariser avec l'idée d'une fiscalité « carbone », il ne faut donc pas en attendre d'effet notoire avant plusieurs années en France, alors que plusieurs pays, notamment européens (Danemark, Finlande, Suède...) ont déjà montré l'exemple avec un certain succès.

UNE HISTOIRE

Les affres de la taxe diesel

Les carburants, en France comme dans nombre de pays européens, supportent de lourdes taxes... Il s'agit cependant bien plus d'une dîme alimentant le budget des États que d'une « taxe carbone » : ces prélèvements ne sont pas calculés en fonction du volume de CO_2 émis par litre de combustible. Ainsi, le gazole est moins taxé, ce qui prive chaque année l'État de 7 milliards d'euros de recettes. En 2013, le gouvernement a bien envisagé un rattrapage par rapport à l'essence, timide esquisse d'une « taxe carbone » : +2 centimes par litre la première année. Tollé national, et moratoire sur le projet, au moins jusqu'en 2015. La lutte anti-CO_2 heurte bien des intérêts économiques...

LA TAXATION DES CARBURANTS EN FRANCE

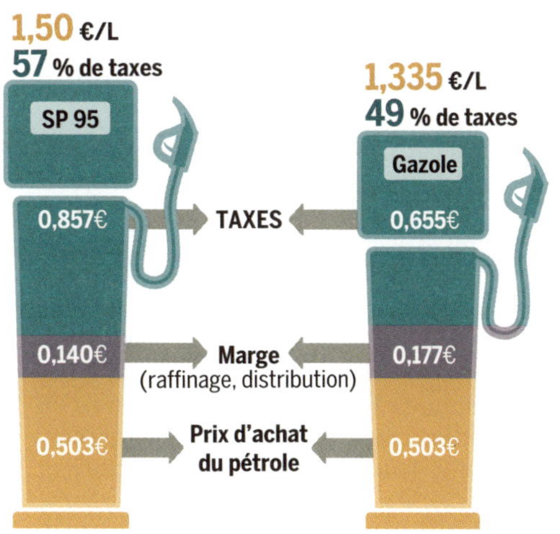

Ministère de l'Économie

MARIE-CHRISTINE ZÉLEM
Professeure de sociologie à l'université Toulouse-Jean-Jaurès

Ingénieurs et sciences humaines doivent apprendre à mieux travailler ensemble

Invitée avec un autre collègue à participer au groupe des experts du Débat national sur la transition énergétique, nous avons souvent eu le sentiment de servir de bonne conscience, parmi les économistes et les énergéticiens. Et l'on ne peut pas parler de pluridisciplinarité simplement en promouvant le consommateur acteur de premier rang de la mutation. Parce qu'en la matière, on entretient des situations quasi schizophréniques. D'une part, on enjoint le particulier, que l'on ne consulte pas, de consommer moins, alors qu'il n'a aucune maîtrise du système énergétique, dominé par la technique et l'économie, et sur lesquels les politiques rechignent à faire levier. Demande-t-on des efforts similaires aux entrepreneurs, aux urbanistes, aux concepteurs d'équipements ? D'autre part, ces ménages « qui devront bien évoluer » sont plongés dans une société mercantile qui les soumet en permanence à un appel totalement contradictoire à la surconsommation.

On attend donc du particulier, dont la culture énergétique est encore naissante, qu'il se débrouille pour arbitrer entre ces injonctions. De plus, ses efforts sont rarement valorisés par la société. Porter l'étiquette « écolo » n'est généralement pas un compliment…

Les milieux de l'énergie et de l'économie font même appel à la « responsabilité du citoyen ». Mais de qui parle-t-on ? Non pas d'un sujet, conscient des enjeux et en capacité d'agir, mais d'un pur objet statistique, un consommateur standard émergeant du calcul et assigné à respecter des normes techniques universelles. Ainsi en est-il de la référence de 19°C pour température moyenne dans les logements, qui semble adaptée à un foyer actif. Qu'en est-il des personnes âgées, chômeurs, femmes au foyer avec enfants en bas âge…, plus sédentaires et dont les besoins de chaleur peuvent être plus importants ? Il en va de même pour les « bons gestes » énergétiques : isoler sa maison, adopter les énergies renouvelables, s'équiper d'une voiture sobre, etc., la feuille de route de la transition énergétique vise probablement davantage les ménages les plus aisés ou les plus militants. Et quand bien même… On voit encore trop souvent proposées des solutions mal adaptées au comportement des utilisateurs. Comme ces habitats très haute performance énergétique qui se passent de système de chauffage, où les occupants ajoutent cependant des convecteurs électriques pour reprendre la main sur la technologie et se donner le sentiment que la pièce est bien chauffée.

Il est temps qu'ingénieurs, architectes, thermiciens prennent du recul avec un fantasme qui conduit à imaginer tout résoudre par la conception de systèmes techniques qui ne tiennent pas compte des réalités sociologiques. Pour éviter les contre-performances que l'on constate aujourd'hui (décalages entre les calculs théoriques et les consommations réelles), il conviendrait d'apprendre à travailler plus en amont avec les professionnels des sciences humaines.

Il est également urgent que les pouvoirs publics s'investissent beaucoup plus massivement pour faire évoluer la culture énergétique dans notre pays, dès la plus jeune enfance, au foyer, dans le monde du travail, chez les concepteurs de l'urbanisme et des bâtiments, etc. Passer d'une tradition de gaspillage à une sobriété généralisée est un projet de longue haleine supposant que l'on attribue une valeur aux économies d'énergie, ce qui n'est pas le cas aujourd'hui. Les projections futures devront considérer qu'il faut plusieurs générations pour parvenir au niveau de cohérence souhaitable entre les pratiques sociales et les objectifs énergétiques.

PATRICK CRIQUI
Directeur du laboratoire d'Économie du développement durable et de l'énergie (Edden)

À la recherche de la meilleure efficacité économique

C'est peut-être inattendu, mais la croissance joue un rôle secondaire parmi les hypothèses des scénarios de transition énergétique, qui considèrent qu'elle restera très modérée. En revanche, ce n'est pas le cas pour la consommation d'énergie, qu'ils voient baisser de 20 à 50 % en 2050.

À ce jour, il est clair que les gains d'efficacité énergétique et l'essor des énergies renouvelables s'effectuent à un rythme insuffisant pour une transition économiquement optimisée. Il faut donc un coup d'accélérateur. En revanche, jusqu'où aller ? L'exemple du bâtiment est éclairant. Si la rénovation thermique réduit spectaculairement les besoins de chauffage, il existe un optimum technico-économique à trouver. Ainsi, il est rentable d'atteindre une division par deux de la consommation d'énergie, au prix d'opérations de l'ordre de 20 000 euros par logement. Mais à mesure que la performance thermique du bâtiment s'accroît, les gains deviennent de plus en plus coûteux. Idem avec les éoliennes : les premiers sites équipés sont les mieux ventés et les plus rentables. C'est de moins en moins vrai par la suite.

« En caricaturant un peu, au départ, les bons arguments sont ceux des environnementalistes, mais à partir d'un certain point, ce sont ceux des industriels qui l'emportent. »

On ne peut donc tenir un discours trop simpliste : « plus on réduira la consommation, et plus on y gagnera. » Il faut identifier les bons dosages et les meilleurs domaines où agir. Pour caricaturer un peu, je dirais qu'au départ, les bons arguments sont ceux des environnementalistes, mais qu'à partir d'un certain point, ce sont ceux des industriels qui l'emportent. Problème : on ne sait pas bien situer ce point…

La science économique progresse, même si la pertinence de ses études à long terme est parfois remise en cause en raison des incertitudes qui entourent des paramètres clefs. Et les surprises demeurent cependant : ces dernières années, la « révolution » du gaz et du pétrole de schiste a bouleversé l'économie de l'énergie aux États-Unis et au-delà. Cependant, pas de conclusions simplistes : le gaz de schiste bon marché ne signifie pas qu'il faille se précipiter au nom de critères économiques. Il restera sous terre bien plus de combustibles fossiles que nous ne pourrons nous permettre d'en brûler, en raison du dérèglement climatique.

« Dire que "plus on réduira la consommation, et plus on y gagnera", c'est trop simpliste. »

Les politiques gouvernementales doivent donc demeurer suffisamment flexibles pour garder le cap de la réduction des émissions, tout en encaissant ce genre de « perturbations ». Il convient de rechercher systématiquement les stratégies les plus efficaces, conduisant au meilleur compromis entre la qualité du résultat et les coûts engagés.

Et pour cela, il faudra bien instaurer un prix de la tonne de CO_2 émise, probablement en utilisant l'arme de la fiscalité pour les émissions diffuses, ainsi que les systèmes de quotas pour les gros émetteurs. Cela m'a valu des critiques, mais je maintiens que si l'on veut diviser par quatre nos émissions d'ici à 2050, il faut viser environ 400 euros par tonne de CO_2 en 2050, au moins pour les transports (soit un euro par litre d'essence).

Quant au débat sur l'opportunité d'investir « plus tard », parce que cela coûterait moins cher, il est aujourd'hui dépassé : il n'est plus question de différer l'effort, nous sommes au pied du mur et tout indique qu'il faut attaquer pied au plancher dès aujourd'hui. Les calculs montrent que l'action précoce est économiquement gagnante dès le départ et la moins coûteuse sur le long terme. •

LA TRANSITION ÉNERGÉTIQUE ?

III. LES ÉNERGIES VERTES

Nous comptons résolument sur les énergies vertes, diverses et bien réparties dans le monde, pour remplacer à terme le pétrole, le charbon, le gaz naturel. Ce sont des énergies renouvelables, puisées dans le vent, les cours d'eau, le rayonnement solaire, la végétation, la chaleur du sous-sol ou des mers, les mouvements qui brassent les océans. Elles sont très abondantes, bien au-delà de nos besoins, mais encore faut-il pouvoir y accéder à coût raisonnable et résoudre l'inconvénient de leur variabilité. Pour cela, il faudra apprendre à stocker massivement l'électricité, révolutionner notre conception des réseaux d'électricité et de gaz, mais aussi réguler les consommations. Autre nouveauté de cette transition énergétique qui nous invite à tout remettre à plat : nous en serons acteurs, gestionnaires de nos consommations, mais également producteurs d'énergie. L'ère des systemes energetiques pilotés d'en haut s'achève.

POINTS DE VUE D'EXPERTS

LE RÈGNE ANNONCÉ DES ÉNERGIES VERTES (1)

Des scénarios « 100 % renouvelable »

Bilan neutre en émissions de CO_2, filières diversifiées, sans technologies à risque... Les grandes vertus des énergies renouvelables (énergies vertes) sont incontestées. Oui mais... jusqu'où pourra-t-on compter dessus ? Pour nous chauffer, alimenter les moteurs, produire de l'électricité en quantité, avec fiabilité, pour toutes les populations – même devenues sobres ? Question clé.... On voit se multiplier, depuis peu, des scénarios « 100 % renouvelable » pour des territoires, des pays, voire la planète, produits par des experts indépendants, mais aussi des instituts de recherche et des organes officiels. Sait-on que les sources renouvelables recèlent de quoi potentiellement couvrir plusieurs milliers de fois la consommation actuelle de l'humanité ? Et elles sont « inépuisables », car générées pour la plupart par l'énergie solaire. Mais le problème est ailleurs : comment capter, convertir, distribuer, stocker cette manne ? Et à coût raisonnable ? Des réponses de plus en plus crédibles montrent qu'il n'est plus utopique d'imaginer des systèmes énergétiques très largement dominés par les énergies renouvelables.

Des technologies de plus en plus compétitives

À l'exception des énergies marines, qui sont encore expérimentales, toutes les filières vertes disposent de technologies fiables (lire pp. 60-65). Et la célérité de leurs avancées – efficience, baisse des coûts, industrialisation, etc. – ne laisse de surprendre les experts. Beaucoup de chemin reste certes à parcourir dans le monde, mais dans plusieurs pays, les énergies renouvelables sont compétitives : elles ne sont plus des énergies d'appoint.

LA PLACE DES ÉNERGIES RENOUVELABLES DANS L'ÉNERGIE FINALE CONSOMMÉE DANS LE MONDE EN 2011

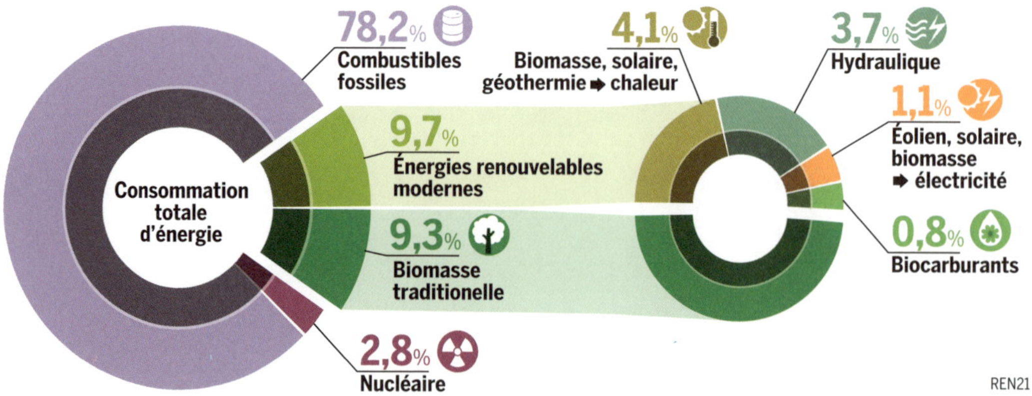

REN21

EN BREF

70 % de l'électricité est d'origine verte en **Autriche**.

En **Suède**, les énergies renouvelables couvrent **50 %** de la consommation d'énergie nationale.

En **Chine**, l'éolien produit plus d'électricité que le nucléaire depuis 2011.

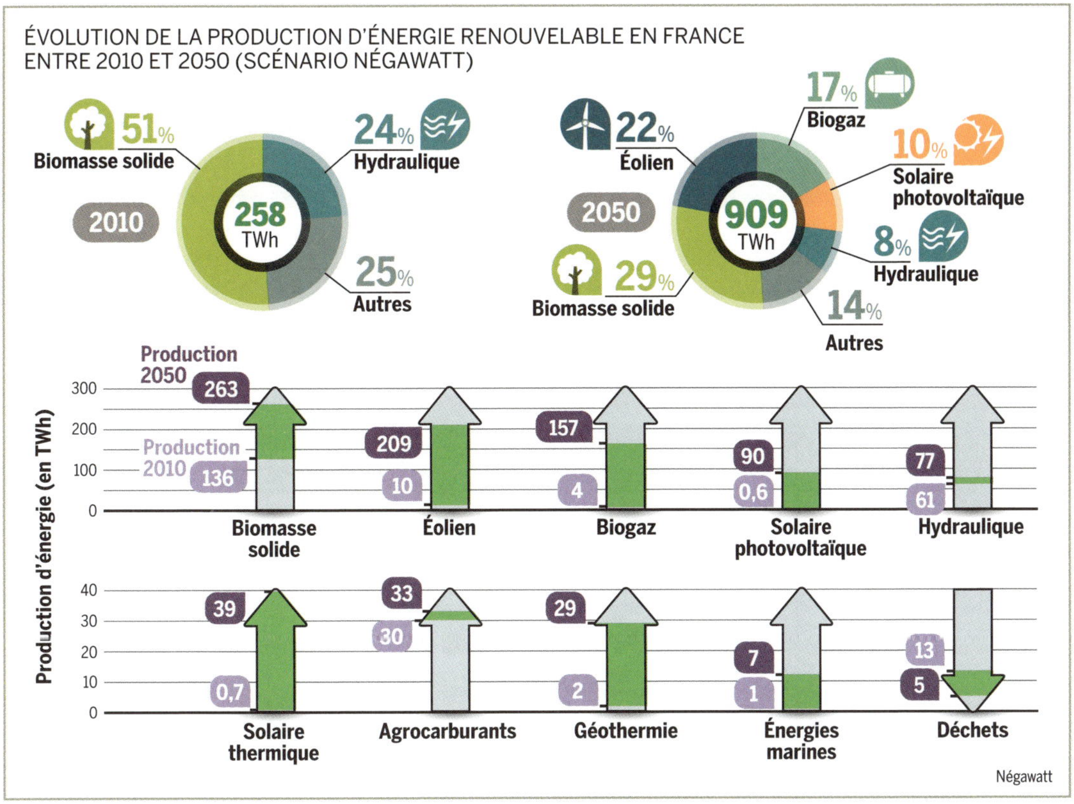

Une conception nouvelle des systèmes

La montée en puissance des énergies renouvelables provoque un réexamen profond de la gestion de l'énergie, surtout pour l'électricité. Comme s'affranchir de l'intermittence de la production d'électricité éolienne (vent) ou photovoltaïque (solaire)? Par la coordination de tous les parcs du pays, le développement du stockage de l'électricité, la modulation de la demande, bref par une nouvelle approche fondée sur des réseaux électriques « intelligents » (lire pp. 74-75).

UNE HISTOIRE

Gotland, objectif 100 % renouvelables

Les îles sont des laboratoires à renouvelables : elles importent souvent presque tout leur combustible. En 1990, l'île suédoise de Gotland se lance le défi d'avoir neutralisé ses émissions de CO_2 à l'horizon 2025. Depuis, les initiatives ont fusé tous azimuts. Les éoliennes couvrent près de 45 % de la demande électrique, le fioul a pratiquement disparu dans le chauffage, notamment remplacé par la biomasse locale et, depuis 2010, une station service délivre du biogaz pour les voitures et les bus. En 25 ans, l'administration du territoire a divisé par deux ses émissions.

Une inéluctable décentralisation

La domination d'une filière unique, des grosses centrales, des centaines de kilomètres de lignes pour transporter la production (avec les pertes que cela implique), des décisions très centralisées : ce schéma, particulièrement poussé en France avec le nucléaire, voit arriver son déclin. La production renouvelable est par essence locale (là où la ressource est disponible) et même fractionnée à l'extrême, comme avec le solaire – les maisons de demain pourraient être équipées en standard de panneaux photovoltaïques. La consommation devra impliquer des circuits plus courts et les régions prendre du poids dans les décisions d'équipement : favorisant le développement local, les renouvelables motiveront de nouvelles catégories d'investisseurs comme les collectivités, les associations, etc.

LE RÈGNE ANNONCÉ DES ÉNERGIES VERTES (2)

PART DES ÉNERGIES RENOUVELABLES DANS LA PRODUCTION D'ÉNERGIE FINALE DANS QUELQUES PAYS EUROPÉENS

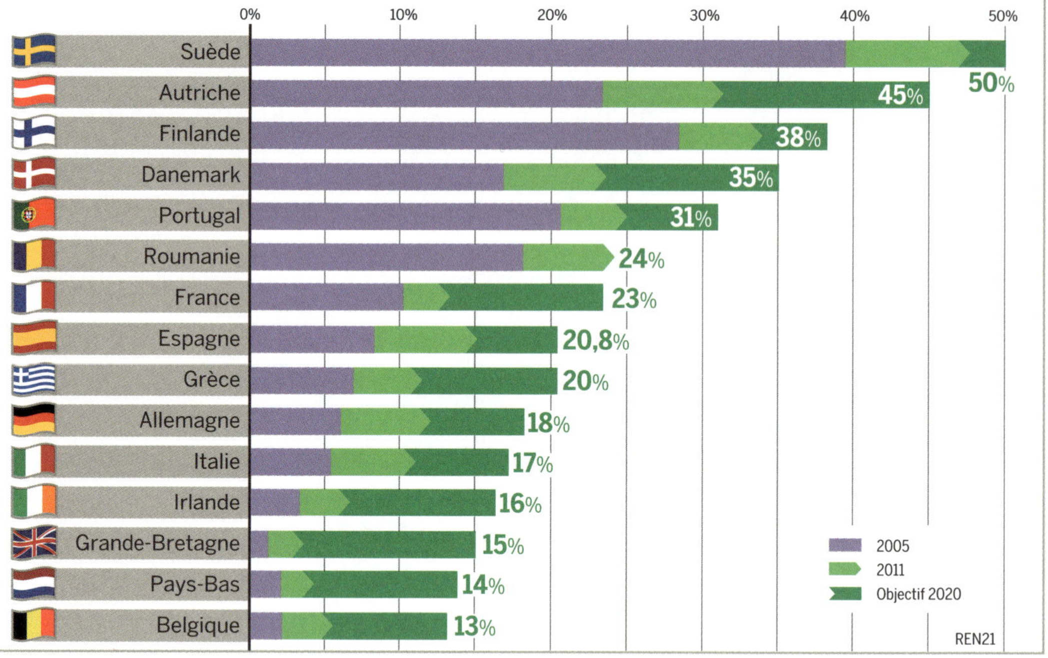

LES CAPACITÉS DE PRODUCTION D'ÉNERGIE RENOUVELABLE DANS LE MONDE (2012)

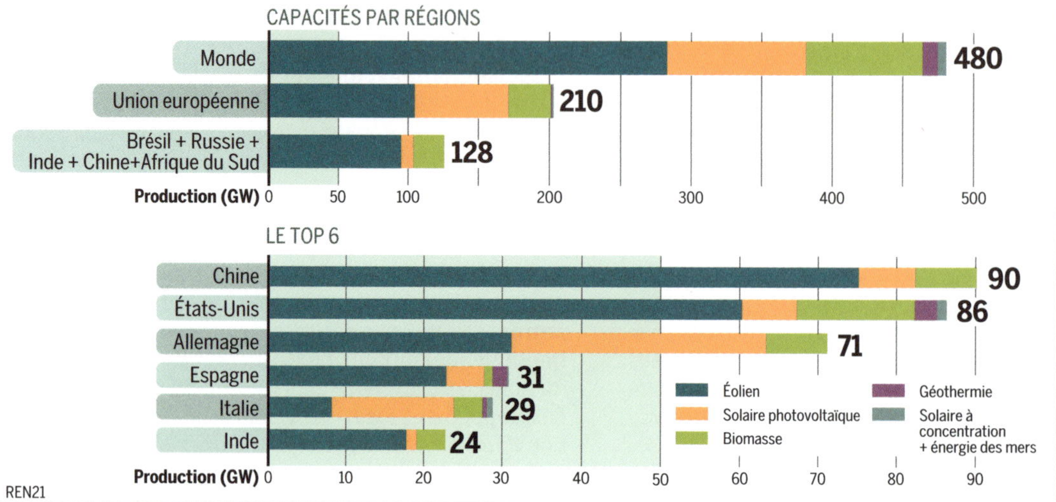

L'ORIGINE DES ÉNERGIES RENOUVELABLES

La plupart des sources énergies renouvelables sont issues, directement ou indirectement, de l'énergie solaire. D'où leur caractère renouvelable et inépuisable à l'échelle de l'humanité.

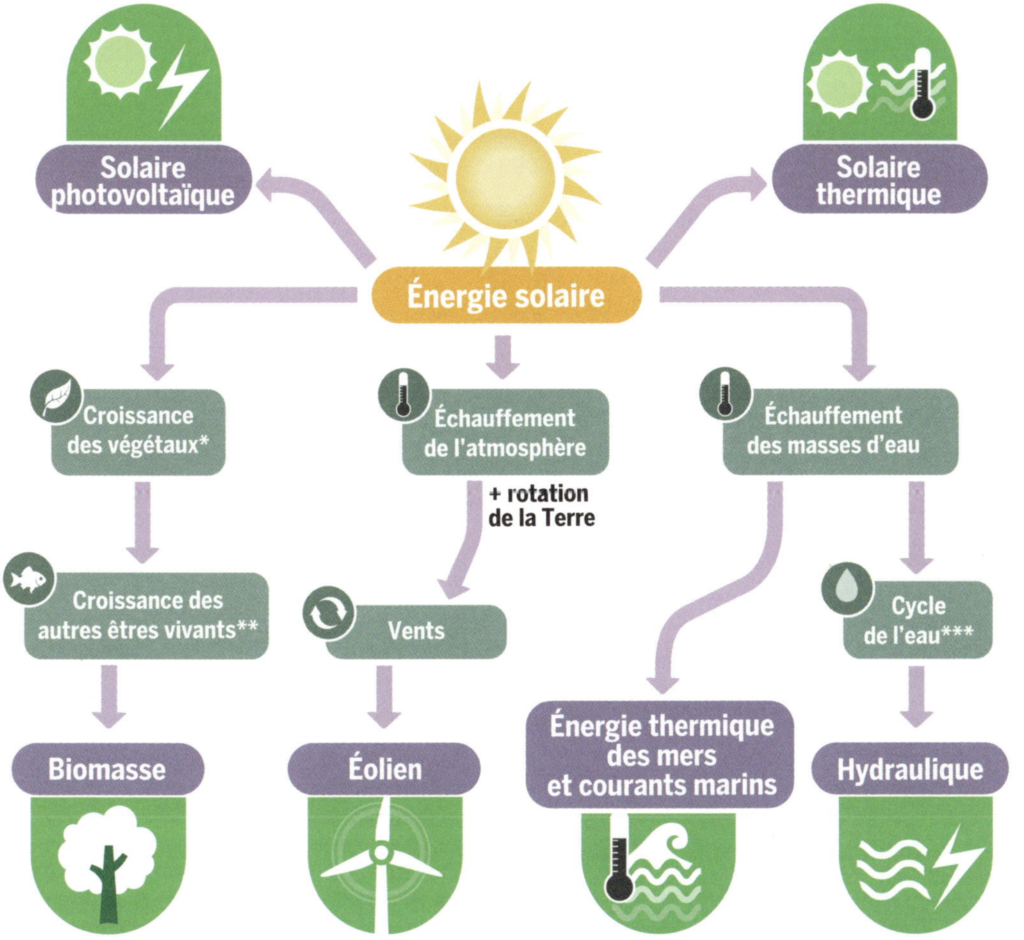

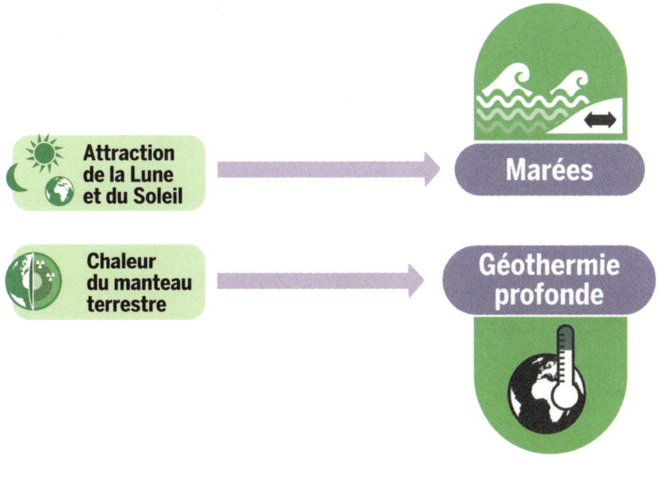

* Grâce à la photosynthèse, les végétaux fabriquent leur matière organique uniquement à partir de CO_2 prélevé dans l'atmosphère, d'eau, de sels minéraux et d'énergie solaire.

** Les végétaux, qu'ils soient macroscopiques ou microscopiques (algues du plancton notamment) sont à la base de toutes les chaînes alimentaires. De façon très simplifiée, ils sont mangés par les êtres vivants « herbivores » (animaux notamment), dont ils constituent la source de matière organique. Ces êtres vivants sont à leur tour mangés par les êtres vivants « carnivores ». Toute la matière organique des êtres vivants (= biomasse) est donc, directement ou indirectement, issue de l'énergie solaire et du CO_2 atmosphérique.

*** Chauffée par l'énergie solaire, l'eau s'évapore ; la vapeur d'eau se condense, à l'origine des précipitations ; ces dernières alimentent les cours d'eau, qui s'écoulent vers la mer ; ce mouvement d'eau permet la production d'électricité au niveau des barrages hydroélectriques.

ÉOLE, AMIRAL DES RENOUVELABLES

Une croissance fulgurante

Les humains tirent « industriellement » parti de l'énergie du vent depuis l'essor des moulins au Moyen Âge. Aujourd'hui, avec des parcs regroupant plusieurs centaines d'éoliennes, cette ressource alimente la plus importante des filières de production d'électricité parmi les énergies renouvelables dites « nouvelles »[1]. Filière qui connaît un développement fulgurant, sans équivalent dans l'histoire des énergies conventionnelles.

[1] Et hors hydroélectricité, au potentiel de développement limité car la plupart des grands sites sont équipés de barrages depuis des décennies (dans les pays industrialisés pour le moins) et les nouveaux projets sont désormais très contraints par les règles environnementales.

ÉVOLUTION DE PUISSANCE CUMULÉE DES INSTALLATIONS ÉOLIENNES DANS LE MONDE

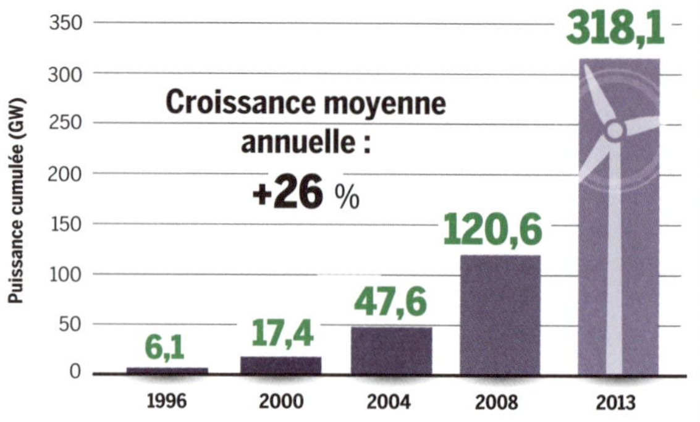

GWEC, 2013

ÉVOLUTION DE LA TAILLE ET DE LA PUISSANCE DES ÉOLIENNES

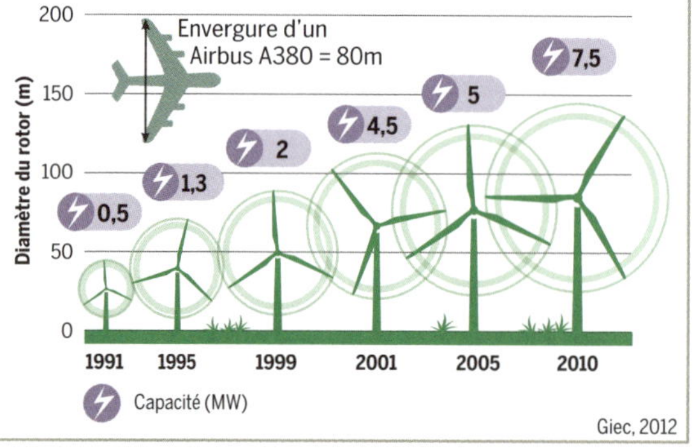

Giec, 2012

LE TOP 4 DES PAYS DE L'ÉOLIEN EN 2013 REN21, Observ'er, 2013

En capacité de production (MW)		En part de l'électricité totale produite (%)	
Chine	91 324	Danemark	34%
États-Unis	61 108	Espagne	21%
Allemagne	34 660	Portugal	21%
Espagne	22 959	Irlande	17%
France	8 254	France	3%

Une course au gigantisme

Le principe : une hélice mise en rotation par le vent entraîne un alternateur qui produit un courant électrique, injecté sur le réseau. Les lois physiques montrent que l'énergie potentiellement récupérable est multipliée par huit pour un doublement de la vitesse du vent et quadruplée à chaque doublement du diamètre de l'hélice. Ce qui motive une course au gigantisme, par l'élévation des mâts (les vents sont plus forts et réguliers en altitude) et l'allongement des pales. Avec un mât sept fois plus haut et des pales dix fois plus longues qu'en 1985, une éolienne d'aujourd'hui délivre 8 mégawatts (MW) de puissance, soit une multiplication par 100 en trente ans !

Ces monstres, à très fort impact visuel, sont destinés aux installations en mer, où se joue désormais la montée en gamme des parcs (voir p. 67). Le vent y offre des rendements 50 % plus élevés sur terre et l'absence de voisinage laisse prévoir de futures machines de 20 MW. De quoi franchir bientôt le seuil de compétitivité pour l'éolien en mer, encore éloigné en raison du coût des installations. Mais déjà globalement atteint par les parcs à terre, qui produisent un kilowattheure à un coût moyen moindre que dans le nucléaire nouvelle génération (réacteurs EPR).

Les deux faces de la médaille

L'éolien, s'il livre une électricité propre, n'est pas exempt d'inconvénients. Pour les riverains, c'est surtout l'impact visuel de machines dont les pales en rotation culminent (à terre) à 150 mètres de hauteur. Pour les énergéticiens, c'est une production intermittente, soumise aux caprices des vents : entre les hauts et les bas, une éolienne produit en moyenne en un an 25 ou 30 % de sa capacité maximale (contre 75 à 80 % pour un réacteur nucléaire). Les systèmes apprennent cependant à s'adapter à cet aléa (voir p. 74) et l'éolien occupe déjà une place majeure dans plusieurs pays… mais pas en France (pourtant deuxième gisement de vent en Europe), où le nucléaire règne. En 2013, l'éolien a couvert 21 % de la demande espagnole et a constitué première source d'électricité trois mois de suite. Au Danemark, le vent fournit à l'année plus de 30 % de l'électricité, bientôt à la première place devant le charbon.

UNE HISTOIRE

Les Bretons montrent la voie citoyenne

Douze ans qu'ils les voulaient, les militants de Redon (Ille-et-Vilaine) et des environs : leurs quatre éoliennes de 2 MW (implantées à Béganne) ont été inaugurées en juin 2014, par une grande fête populaire. Car l'aventure aura mobilisé plusieurs centaines de personnes. Pour convaincre les banques de financer le petit parc, il a fallu drainer près de trois millions d'euros de fonds propres, auprès de structures associatives et publiques. Ce sont des individus, de manière directe ou non, qui maîtrisent plus de 80 % de ce capital. Pour gérer Bégawatts, ce premier parc citoyen français – qui produit l'équivalent de la consommation électrique de 8 000 foyers (hors chauffage) – ils ont aussi inventé un nouveau mode de gouvernance, coopératif et participatif, à visée écologique et sociale.

EN BREF

Dimanche 3 novembre 2013… … la production éolienne au Danemark a dépassé la demande.

Il faut **3 mois** à une éolienne pour produire la quantité d'énergie nécessaire à sa fabrication.

20 ans, c'est la durée de vie d'une éolienne. Les matériaux utilisés sont presque totalement recyclables.

SOLAIRE : LES PANNEAUX DES FAMILLES

Facile d'accès...

La transformation directe du rayonnement solaire est la technologie la plus facilement accessible aux particuliers qui veulent produire de l'électricité renouvelable. Le principe exploite la propriété qu'ont certains matériaux de générer un courant électrique quand ils sont exposés à un rayonnement lumineux. C'est l'effet photovoltaïque. Les dispositifs se présentent sous forme de panneaux ou de films. Les régions les plus ensoleillées sont bien sûr les plus propices, mais les panneaux peuvent fonctionner presque sous toutes les latitudes : le rayonnement solaire est une ressource bien répartie dans le monde.

... mais de faible rendement

Limitation majeure du photovoltaïque : le rendement, de 15 % environ pour les produits commerciaux. Il faut donc couvrir de très grandes superficies en panneaux pour obtenir une production de masse. Par exemple, dans le sud-est de la France, 10 hectares produisent autant qu'une éolienne standard dans une zone bien ventée qui, elle, aura une très faible emprise sur le terrain.

Les centrales solaires au sol sont donc réservées aux zones désertiques ou incultes. Pour les unités plus petites, le domaine privilégié du photovoltaïque, ce sont les espaces déjà colonisés : toit des maisons, des bâtiments, mobilier urbain... Le solaire est l'énergie verte des agglomérations et elle est bien adaptée à la production domestique. Dans l'état actuel de la technologie et des niveaux de consommation, un toit familial ne couvrira pas la totalité des besoins du foyer. Cependant, des expériences montrent qu'un habitat très sobre (voir p. 38) pourrait être autosuffisant en électricité grâce au solaire et l'on imagine que les bâtiments de demain seront d'emblée équipés de modules photovoltaïques.

LE TOP 10 DES PAYS DU SOLAIRE PHOTOVOLTAÏQUE

Bloomberg new energy finance, 2013 ; Observ'er, 2013

Puissance cumulée des installations en 2013 (MW)	
Allemagne	35 500
Chine	18 300
Italie	17 600
Japon	15 500
États-Unis	12 000
Espagne	7 000
France	4 600
Australie	3 300
Belgique	3 000
Grande-Bretagne	2 900

Puissance par habitant en 2012 (W/habitant)	
Allemagne	400
Italie	269
Belgique	240
République tchèque	193
Grèce	137
Bulgarie	127
Slovénie	106
Espagne	98
Slovaquie	96
France	62

Le vent en poupe !

Si l'électricité solaire reste une technologie chère, son développement est encore plus fulgurant que pour l'éolien ! Et les coûts de production ont spectaculairement baissé, notamment sous l'impulsion de la machine industrielle chinoise. Dans certaines zones du monde (sud de l'Allemagne), le photovoltaïque concurrence déjà les énergies conventionnelles en dehors de toute subvention. Si l'Europe reste la terre historique de l'essor massif du photovoltaïque, avec près de 60 % de la puissance cumulée installée dans le monde début 2014, l'accroissement annuel de la filière est désormais largement localisé en Asie, Chine et Japon en tête. La France, en dépit d'un bon ensoleillement, ne joue qu'un très modeste rôle dans cette expansion, en raison d'une politique frileuse.

ÉVOLUTION DES CAPACITÉS DE PRODUCTION D'ÉLECTRICITÉ PHOTOVOLTAÏQUE DANS LE MONDE

AIE, 2014

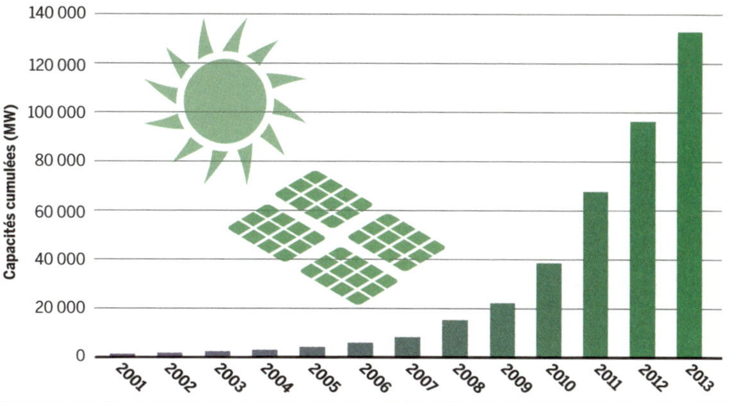

PRÉVISION D'ÉVOLUTION DU COÛT DE REVIENT DE L'ÉLECTRICITÉ PHOTOVOLTAÏQUE

États généraux du solaire photovoltaïque, 2011

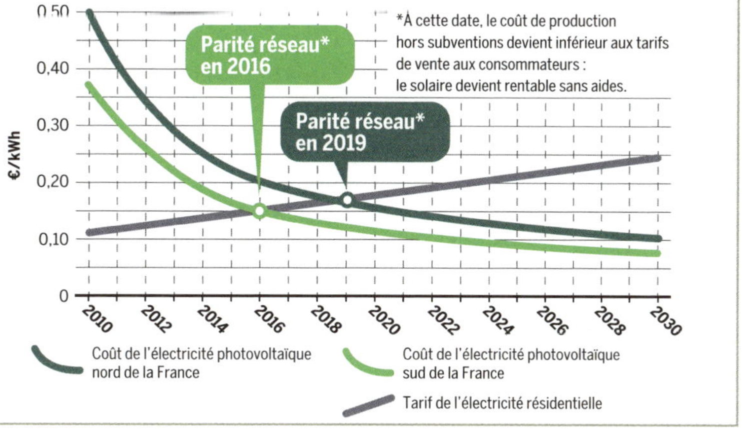

UNE HISTOIRE

Désertec, la folie des grandeurs

Le Sahara fait rêver des industriels européens. En 2003, la fondation Désertec voit le jour, porteuse d'un projet pharaonique : construire des dizaines de super-centrales solaires, dont la production électrique alimenterait certes les pays riverains, mais aussi (surtout ?) l'Europe ! La technologie dominante serait le solaire thermodynamique : des milliers de miroirs concentrent le rayonnement vers une tour, chauffant de l'eau qui fait tourner une turbine. Rendement : 30 %, soit deux fois plus que le photovoltaïque. Il « suffirait » de couvrir 5 % du Sahara de ces centrales pour satisfaire la consommation mondiale. Mais… qui des perturbations climatiques (à cause de la vapeur d'eau), du financement, du coût du réseau de transport (à créer de toute pièces), des pertes en lignes (Algérie-Allemagne : 3 500 km), de l'entretien, ou encore de la sécurité et de la géopolitique ? Après l'excitation initiale, l'enthousiasme est fortement retombé…

EN BREF

10 m² de panneaux photovoltaïque couvrent **1/3** des besoins d'un foyer (4 personnes hors chauffage).

Il faut **2 à 3 ans** à un système photovoltaïque pour produire la quantité d'énergie nécessitée pour sa fabrication.

30 ans, c'est la durée de vie des panneaux. Les matériaux utilisés sont recyclables à 98 %.

LA BIOMASSE, POIDS LOURD MÉCONNU DES ÉNERGIES VERTES

N° 1 actuel des énergies renouvelables

Voilà une ressource dont le potentiel, considérable, passe inaperçu : la biomasse, autrement dit la matière organique issue d'êtres vivants, dont la combustion dégage de l'énergie. Toutes sources confondues, l'énergie renouvelable la plus employée sur la planète est… le bois de feu. Mais la biomasse présente de nombreuses autres facettes. Et de grands atouts. Les gisements sont conséquents presque partout. Les quantités disponibles dépendent du climat, mais la biomasse et ses produits de transformation sont généralement stockable pour tous les usages (production de chaleur, d'électricité, de carburants). Enfin, l'utilisation de la biomasse présente un bilan CO_2 neutre : les volumes émis par sa combustion ont auparavant été captés dans l'atmosphère par les plantes lors de leur croissance (photosynthèse).

Les trois facettes de la biomasse

- **La biomasse solide.** Il s'agit du bois et de ses dérivés secs, souvent utilisés bruts. Elle est en général directement brûlée, pour le chauffage. Avec une bonne gestion des forêts, une collecte optimisée des résidus agricoles et industriels, il est possible d'accroître considérablement la biomasse solide disponible tout en assurant son renouvellement annuel. En outre, les chaudières à bois les plus performantes (utilisant des déchets de sciage, comprimés en granulés) convertissent près de 100 % de l'énergie de leur combustible en chaleur !
- **La biomasse liquide = les agrocarburants.** Issus en grande partie de la transformation industrielle de plantes alimentaires cultivées intensivement, ils sont fortement critiqués (lire p. 70).
- **Le biogaz = biométhane (CH_4).** Il est produit à partir d'une large gamme de matières organiques. L'un des processus les plus intéressants est la fermentation de résidus agricoles et agroalimentaires, animaux ou végétaux, de boues de station d'épuration, d'herbacées, etc., car elle contribue au traitement de déchets tout en produisant un liquide prisé comme amendement agricole. Autre voie de production : la gazéification de biomasse solide par chauffage, d'un très bon rendement. L'injection de biogaz par dans le réseau de distribution du gaz de ville est possible en France depuis 2011.

EN BREF

LE RENDEMENT DU CHAUFFAGE AU BOIS

Cheminée à foyer ouvert
10 %

Chaudière à granulés
99 %

ÉVOLUTION DE LA CONTRIBUTION DE LA BIOMASSE À L'APPROVISIONNEMENT EN ÉNERGIE EN FRANCE (scénario Afterre)

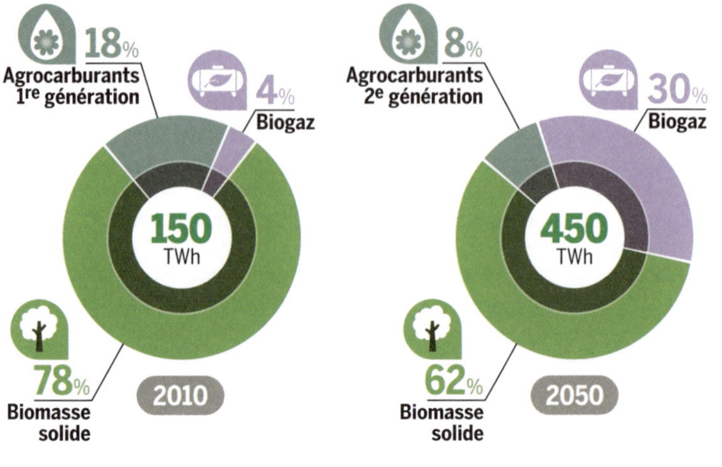

Plaidoyer pour le méthane

Le méthane est un gaz « à tout faire ». Brûlé directement, il chauffe des locaux (via une chaudière) et fait tourner des turbines électriques (à cycle combiné) ; stocké sous pression, il alimente des moteurs automobiles. Selon GrDF (filiale de GDF), avec l'apport de futurs procédés comme la culture de micro-algues pour la production de biogaz et la méthanation pour la production de « méthane renouvelable » (lire p. xxx), il serait possible, à l'horizon 2050, de couvrir les besoins actuels en gaz naturel du pays.

UNE HISTOIRE

La Barbade, du sucre à l'énergie

Dédiée à la monoculture de la canne, l'île antillaise de la Barbade se retrouve à genoux au début des années 2010 quand les cours du sucre chutent de 36 %. Simultanément, le prix du pétrole, qui assure 90 % de sa production d'électricité, grimpe. Naissent alors de séduisants projets de réorientation de l'industrie cannière vers la production d'éthanol par distillation (pour les voitures, l'exportation, la consommation) et de biogaz par fermentation des résidus (pour la production d'électricité). Pour optimiser cette conversion à l'énergie de la biomasse, le pays, qui vise 29 % d'électricité verte avant 2030, teste des variétés de canne riches en fibre, qui remplaceraient progressivement les variétés sucrières dans les champs.

LE BIOGAZ : COMMENT ET POUR QUOI FAIRE ?

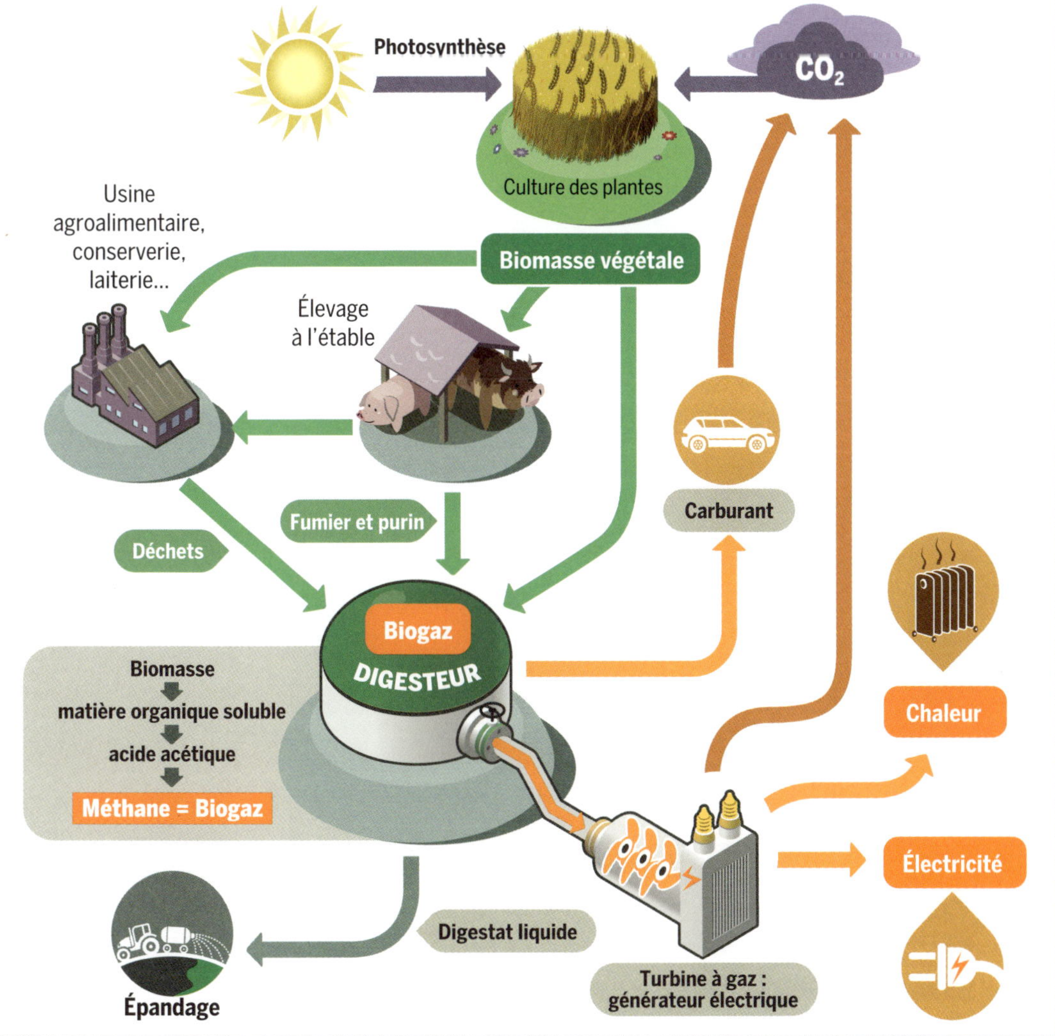

LES ÉNERGIES MARINES : PROMETTEUSES MAIS SOUVENT BALBUTIANTES

Nouvelles fortunes de mer

Courants, vagues, houle, vents : que ce soit en profondeur, à la surface ou « au-dessus », les océans libèrent de gigantesques quantités d'énergie dont une petite fraction suffirait à satisfaire les besoins de l'humanité. La plupart des filières visent à transformer une énergie mécanique (en l'occurrence un déplacement d'eau ou un mouvement d'air) en électricité. Cependant, les conditions marines – sollicitations mécaniques intenses, corrosion liée à l'eau salée, éloignement des côtes, etc. – rendent toute intervention délicate. Aussi la fiabilité des équipements est-elle déterminante. Les coûts s'en ressentent et les filières n'en sont qu'à leurs balbutiements. Une exception toutefois : l'éolien en mer (« offshore »), qui constituera l'essentiel de la modeste contribution de ces énergies à la palette des renouvelables au cours de la prochaine décennie..

Les courants de marée

Les courants de marée sont très intéressants pour deux raisons. D'abord ils sont très prévisibles, ce qu'apprécient les gestionnaires de réseaux. Ensuite, dans certains lieux, ils sont très énergétiques, avec des vitesses de déplacement des masses d'eau allant jusqu'à 5 mètres par seconde ! Ils seront exploités par des hydroliennes : il s'agit de turbines au profil rappelant les éoliennes et immergées au large. Ces hydroliennes affectent moins le milieu que les éoliennes et demeurent invisibles. Avec de très bons sites en Bretagne et en Manche, la France dispose du deuxième potentiel en Europe, derrière le Royaume-Uni. Les premiers petits parcs hydroliens sont prévus à partir de 2015-2016. L'exploitation des grands courants océaniques, plus lents, est une autre piste. Mais aucun développement expérimental n'est pas encore à l'ordre du jour.

LE PRINCIPE DE FONCTIONNEMENT D'UNE HYDROLIENNE

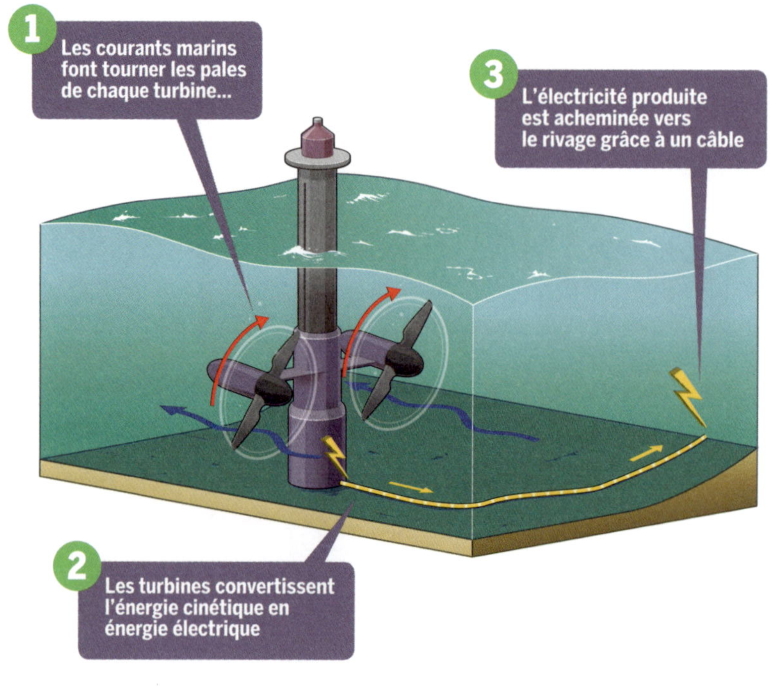

L'énergie thermique des mers

Dans les eaux tropicales, on peut exploiter la différence de température entre les eaux de surface (25°C ou plus) et les eaux profondes (2 à 4°C à –1 000 mètres). Ce gradient thermique permet de faire fonctionner une machine thermodynamique qui produit de l'électricité. Cette filière intéresse beaucoup, entre autres, les îles isolées. Grand intérêt de cette ressource : elle est très stable au cours de l'année. Les premières expérimentations sont en cours.

La centrale électrique marémotrice de la Rance (Ille-et-Vilaine)

Un demi siècle de marées dans la Rance

L'exploitation de l'énergie des marées remonte... à l'époque romaine, probablement, grâce à des moulins exploitant les mouvements de flux et de reflux de la mer dans des sites peu exposés aux turbulences marines. L'estuaire de la Rance, en Ille-et-Vilaine, est l'un d'eux, barré depuis 1966 par la première centrale électrique marémotrice industrielle. D'une capacité de 240 mégawatts (MW), sa production est égale à un dixième de celle d'un réacteur nucléaire. En 2011, la centrale marémotrice sud-coréenne de Sihwa Lake est devenue la plus puissante au monde, avec 254 MW. Peu d'avenir cependant pour ce type d'installation, en raison d'un fort impact sur l'environnement marin.

L'éolien en mer (« offshore »)

Alors que les meilleurs sites terrestres commencent à être saturés, la mer propose de vastes étendues libres, où les vents soufflent souvent plus fort qu'à terre, avec un faible impact paysager (vu du littoral). Il existe déjà de très grands parcs au large (jusqu'à 175 éoliennes), en particulier au Royaume-Uni. Trois d'entre eux produisent autant qu'un réacteur nucléaire. En France, les premiers parcs en mer sont attendus vers 2018. Il s'agit là d'éolien « posé » : les mâts sont ancrés sur le fond, jusqu'à 50 mètres sous l'eau. Une variante prometteuse – l'éolien flottant – voit ses premiers prototypes testés dans le monde. Ces machines permettront d'accéder aux zones côtières dont les fonds sont vite profonds (c'est le cas pour toute l'Europe du Sud). L'éolien en mer ne doit pas trop s'éloigner du littoral : le câble sous-marin qui délivre le courant à terre constitue l'un des plus gros postes d'investissement.

La houle

Cette gigantesque ressource est accessible sur de nombreuses côtes dans le monde. Aléatoire (modulée par les conditions météorologiques), elle est cependant prévisible plusieurs heures à l'avance. La complexité du phénomène de la houle et les intenses efforts qu'elle impose aux machines n'ont pas encore permis de dégager une technologie préférentielle et des dizaines de prototypes cohabitent encore.

LOGEMENTS : CHAUFFER ET RAFRAÎCHIR « VERT »

La façon la plus efficace de tempérer une habitation reste de la concevoir intelligemment. Dans les maisons les plus performantes (voir p. 38), il suffit de peu d'énergie pour maintenir une température agréable en toute saison. Un « peu » qui est la portée de systèmes à énergie renouvelable. Lesquels ?

L'électricité

Les appareils électriques servant à chauffer ou à rafraîchir ramènent à la question de la production d'électricité renouvelable (voir pp. 60-65). À l'issue de la transition énergétique, cette option ne sera envisageable qu'à condition de disposer d'équipements très efficaces : des pompes à chaleur à haut rendement par exemple. Les habitats neufs au standard « passif » (voir p. 39) sont tellement bien isolés qu'ils peuvent se contenter d'une pompe à chaleur de très faible puissance. Cependant, dans la grande majorité des cas et au moins pendant quelques décennies encore, la consommation des bâtiments anciens, même bien rénovés thermiquement, ne sera pas négligeable et l'électricité n'est pas l'énergie la plus indiquée pour les chauffer : on sait le faire à bien meilleur rendement avec d'autres sources vertes directes.

Les réseaux de chaleur

Certaines villes où les couches chaudes du sous-sol ne sont pas trop profondes exploitent cette géothermie pour chauffer de l'eau dans un circuit fermé, qui parcours plusieurs dizaines de bâtiments via des canalisations enterrées et bien isolées. Il existe un autre type de réseau de chaleur, alimenté par une chaudière municipale ou de quartier. Marginaux en France, mais assez courants en Europe du Nord, ils fonctionnent grâce à la biomasse et, plus rarement, par récupération de la chaleur issue d'un processus industriel.

Le soleil

Sur le toit, quelques mètres carrés de capteurs thermiques . Ces « concentrateurs » de rayonnement solaire chauffent un serpentin où de l'eau circule, jusqu'à un réseau enfouit dans les dalles des étages. La chaleur (douce) est restituée par le sol. Cependant, sauf si l'habitat est très bien isolé, ces chauffages solaires couvrent rarement plus de 50 % des besoins, même avec un ballon de stockage pour accumuler de l'eau chaude et passer la nuit (pas de soleil !). L'appoint peut provenir d'une chaudière à bois. Le solaire a en revanche tous les atouts pour devenir la source privilégiée de la production d'eau chaude sanitaire. Avec une modeste surface de capteurs, alimentant un ballon existant, on peut couvrir la quasi intégralité des besoins dans les zones bien exposées (pour les autres il faut un appoint). Ces chauffe-eau solaires, fréquemment subventionnés, sont devenus obligatoires sur les bâtiments neufs dans plusieurs pays. Et dans l'ancien, quand ils remplacent un modèle électrique, ils réduisent la demande sur le réseau.

La biomasse

Le bois et ses dérivés (bûches, plaquettes, copeaux, granulés), combustibles stockables, permettent de chauffer une grande pièce, avec un insert ou un poêle à bûches, et tout le bâtiment avec une chaudière. Les modèles à granulés sont les plus performants.

Et l'avenir pourrait réhabiliter nos chaudières à gaz, fréquentes en ville. Aujourd'hui, elles brûlent un combustible fossile. Demain, elles pourraient carburer au biogaz issu de sources renouvelables (voir p. 65).

en BREF

ÉVOLUTION DE LA CAPACITÉ MONDIALE DE CHAUFFAGE SOLAIRE

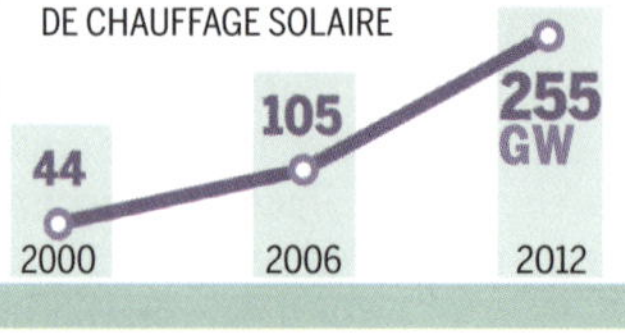

LES CAPACITÉS MONDIALES DE CHAUFFAGE SOLAIRE DE L'EAU

1 **68 %*** Chine
2 **5 %*** Allemagne
3 **5 %*** Turquie

*Pourcentage de la capacité mondiale totale

LE FONCTIONNEMENT D'UNE MAISON À CHAUFFAGE SOLAIRE

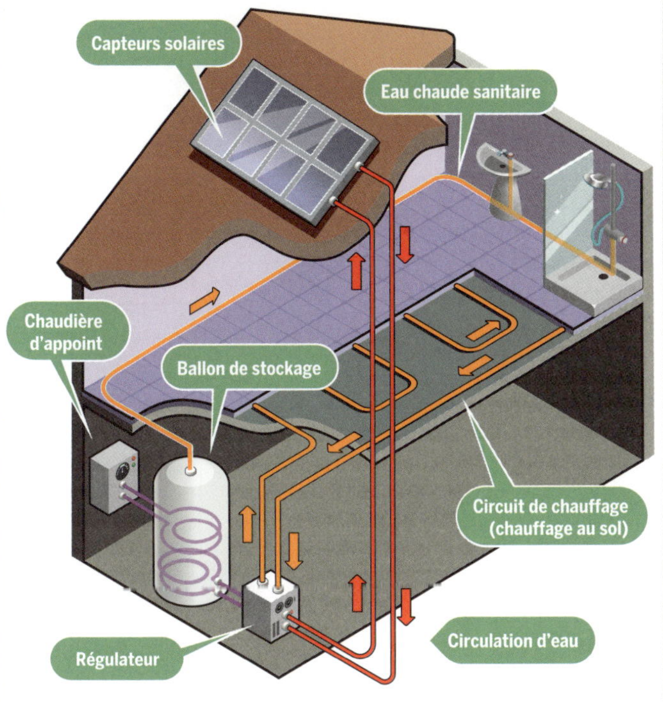

UNE HISTOIRE

Projets de fourmi

Toute cette chaleur en vain dispersée en été, et qui nous fait défaut en hiver! Plusieurs projets se sont attaqués à l'ambition d'emmagasiner en masse des calories estivales afin d'en tirer parti trois mois plus tard. Ce stockage « intersaisonnier » de chaleur exige des réservoirs à forte inertie thermique, à faibles fuites et capables de supporter des températures importantes. Sur le principe d'un chauffage solaire, des capteurs transfèrent l'énergie thermique à une nappe d'eau souterraine (peu mobile), à des roches souterraines (peu conductrices), voire à une cuve d'eau enterrée à faible profondeur. Plusieurs expériences fonctionnent dans le Nord de l'Europe. Et dans l'Alberta (Canada), un lotissement de 52 maisons est chauffé à 90 % grâce au solaire « intersaisonnier ».

LE PRINCIPE DES RÉSEAUX DE CHALEUR

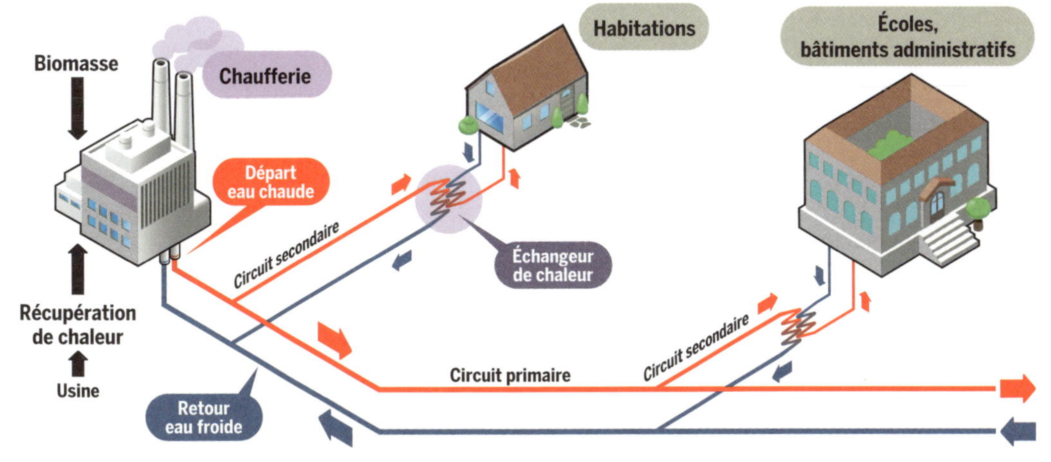

LE TOP 10 DES PAYS EUROPÉENS POUR LE CHAUFFAGE SOLAIRE (EN DM² DE PANNEAUX/HAB)

Rang	Pays	dm²/hab
1	Chypre	84
2	Autriche	58
3	Grèce	37
4	Allemagne	20
5	Danemark	14
6	Slovénie	10
7	Portugal	9
8	Rep. tchèque	9
9	Espagne	6
10	Irlande	6
...		
15	France	4

AGROCARBURANTS : EN ATTENDANT LES ALGUES

« À sucre » ou « à huile » : des plantes dans votre moteur

Les transports sont dépendants à plus de 95 % de dérivés du pétrole. L'une des solutions les plus simples pour sortir de l'impasse consiste à remplacer l'essence, le gazole, le kérosène, le fioul marin, etc., par des carburants de synthèse issus de la biomasse – les agrocarburants[1] – ne nécessitant pas ou peu d'adaptation des moteurs ni du réseau de distribution. Il existe actuellement deux types d'agrocarburants.

- **L'éthanol** (alcool) est issu de la fermentation de plantes « à sucre » (canne à sucre, betterave) ou de céréales (maïs et blé). Il est utilisé en mélange avec l'essence, mais certains carburateurs sont adaptés pour fonctionner à l'éthanol pur.
- **Le diester**, produit par transformation chimique de plantes « à huile » (palme, soja, colza, tournesol), est destiné aux moteurs diesel, en mélange avec le gazole.

L'huile végétale brute, bien que marginale, fait aussi l'affaire, de même que les huiles de récupération (filtrées), sous certaines conditions.

(1) Terme préférable à « biocarburants », ambigu, qui évoque un mode de production « bio », ce qui est rarement le cas.

EN BREF

L'énergie des transports en France en 2050
(scénario Négawatt)

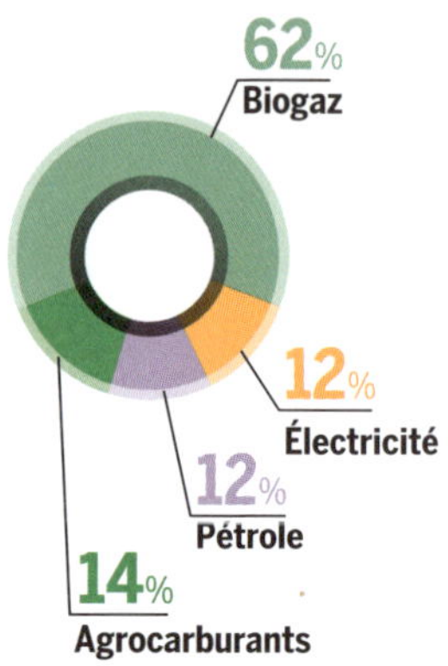

LES DIFFÉRENTES FILIÈRES DE PRODUCTION D'AGROCARBURANTS

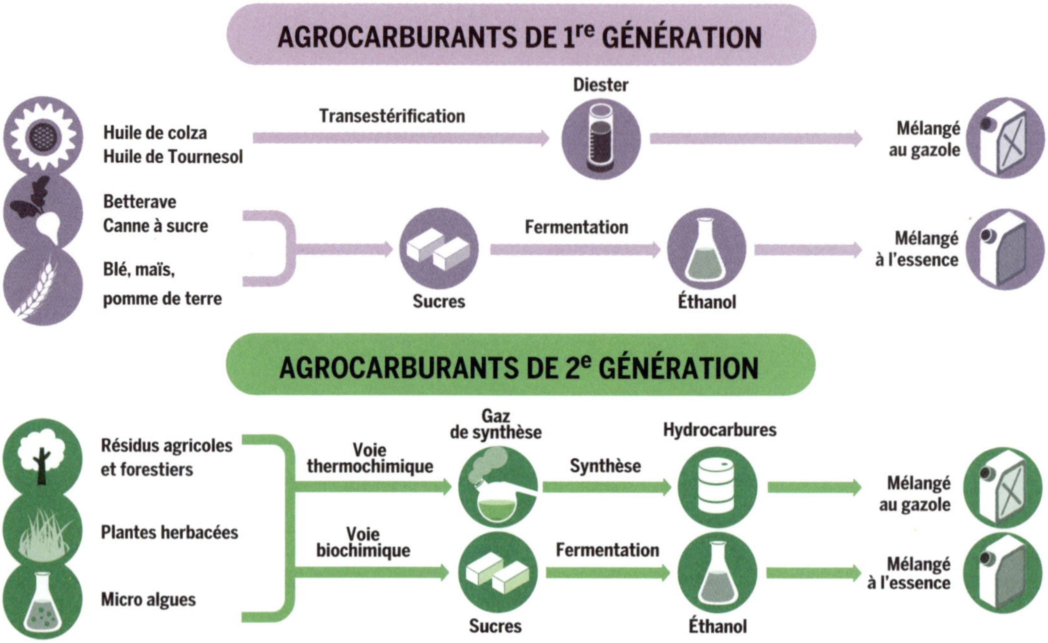

De l'engouement à la critique

Présentés avec un bilan CO_2 neutre, les agrocarburants ont connu un fort engouement au début des années 2000, lorsque les préoccupations climatiques se sont s'imposées. Mais la tendance s'est retournée, car des inconvénients lourds voire rédhibitoires se sont rapidement manifestés.

- **Le réservoir ou l'assiette ?** Les filières les plus rentables exploitent des plantes alimentaires. Au milieu des années 2000, l'armée étasunienne raflait tellement de maïs pour son programme agrocarburant que cette céréale de base, raréfiée, s'est fortement renchérie dans le pays. Lors de la crise alimentaire mondiale de 2008-2009, la demande de céréales pour les carburants « verts » a contribué à l'envolée des prix sur les marchés internationaux.
- **La déforestation.** La Malaisie et l'Indonésie, qui règnent sur la production mondiale d'huile de palme destinée au diester, ont rasé des millions d'hectares de forêt tropicale pour cultiver le palmier à huile. Avec à la clé des dommages à la biodiversité et la destruction d'une ressource rendant d'innombrables services écologiques : la forêt.
- **La compétition pour l'usage des terres.** Elle prend un tour très conflictuel dans certains pays tropicaux, où l'agroindustrie et ses énormes plantations chassent les petits agriculteurs.
- **Le bilan CO_2.** Il n'est pas neutre, car cultures, intrants, transport, etc., génèrent des émissions. Dans le cas où la production a nécessité une déforestation, le bilan devient même moins bon qu'avec un carburant fossile, reconnaissent aujourd'hui les organismes officiels.

Et demain ?

Les agrocarburants dits de « seconde génération », utilisant des végétaux non alimentaires (déchets ligneux, plantes herbacées…), réduiraient notablement les inconvénients liés aux agrocarburants classiques. Mais ils ne sont pas encore au point. Une autre piste – horizon 2030 ? – est la culture de micro-algues productrices d'algues, qui ne préempte pas de terres agricoles.

PART DES AGROCARBURANTS UTILISÉS POUR LES VÉHICULES À MOTEUR DANS DIFFÉRENTS PAYS (2011) Global energy data, Enerdata

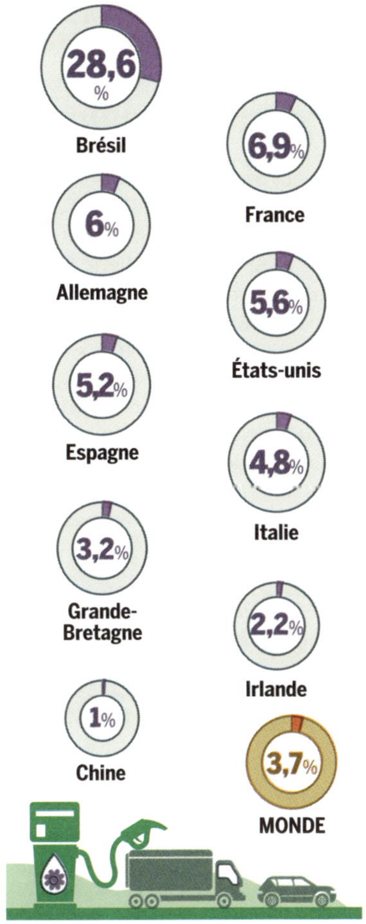

ÉVOLUTION DE LA PRODUCTION D'AGROCARBURANTS ENTRE 2000 ET 2011

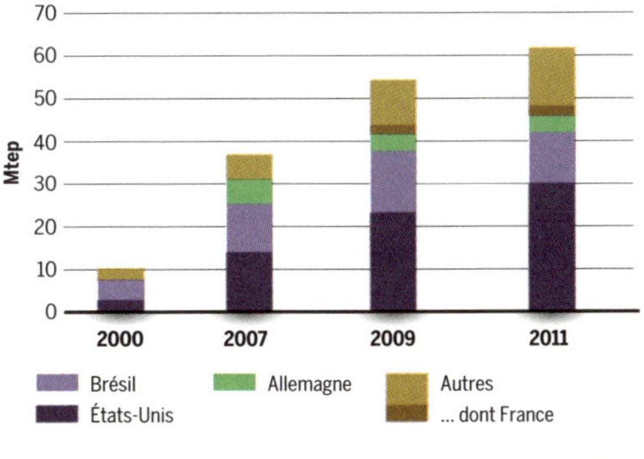

UNE HISTOIRE — Avant le pétrole-roi

Si les carburants végétaux sont une découverte récente pour le grand public, ils sont connus depuis longtemps. Le premier moteur à quatre temps commercial fut conçu au XIXe siècle par Nikolaus Otto pour brûler de l'alcool. Rudolf Diesel, inventeur du moteur éponyme, travaillait avec de l'huile d'arachide. L'utilisation de carburants végétaux était fréquente aux débuts de l'industrie automobile, avant qu'ils ne soient rapidement supplantés par le pétrole dès que l'on en découvrit des gisements abondants et peu coûteux à exploiter.

ÉLECTRICITÉ : LE DÉFI DU STOCKAGE

L'énergie au régime des intermittents

On peut mettre les énergies fossiles en réserve dans des cuves, mais pas le vent, le rayonnement solaire, la houle, les courants… Avec ces sources d'énergie, des périodes de faible et de forte production électrique alternent plus ou moins aléatoirement. Certes, on les anticipe de mieux en mieux : quelques dizaines heures pour la houle, quelques heures pour le vent, mais parfois quelques minutes seulement pour le soleil. Or un passage nuageux localisé sur un département peut, en quelques minutes, faire s'effondrer la production photovoltaïque. Et quoi qu'il en soit, une excellente prévision n'empêcherait pas les intermittences et les irrégularités. Or le réseau électrique doit être globalement à l'équilibre, production et consommation au même niveau à tout moment, une gestion de plus en plus exigeante alors que les renouvelables gagnent en importance. Solutions : les réseaux intelligents (voir p. 74) et le stockage de l'électricité.

EN BREF

90 réacteurs nucléaires
C'est l'équivalent de la **capacité de stockage de l'électricité** à échelle mondiale qui serait nécessaire en 2050 selon l'Agence internationale de l'énergie.

Emmagasiner, convertir

Accumuler les surplus des périodes de forte production (ou de faible consommation) pour les restituer lors des creux de vent ou de soleil (ou des pics de la demande) de manière à compenser les aléas et garantir aux clients un service continu de l'électricité : le chantier du stockage est aujourd'hui identifié comme une priorité des programmes de transition énergétique. Sa mise en œuvre est une condition sine qua non à la poursuite de l'essor de l'éolien et du photovoltaïque, filières majeures de la production d'électricité renouvelable à ce jour. D'importants crédits de recherche y sont alloués dans le monde. Car les technologies actuelles répondent mal à des besoins de stockage qui s'annoncent très importants. On sait emmagasiner directement des charges électriques dans des condensateurs, mais il faudrait des équipements énormes. Sans compter les pertes par décharge (« fuite »). Aussi, on préfère passer par une conversion d'énergie.

LE PRINCIPE DU STOCKAGE DE L'ÉLECTRICITÉ SOUS FORME D'AIR COMPRIMÉ

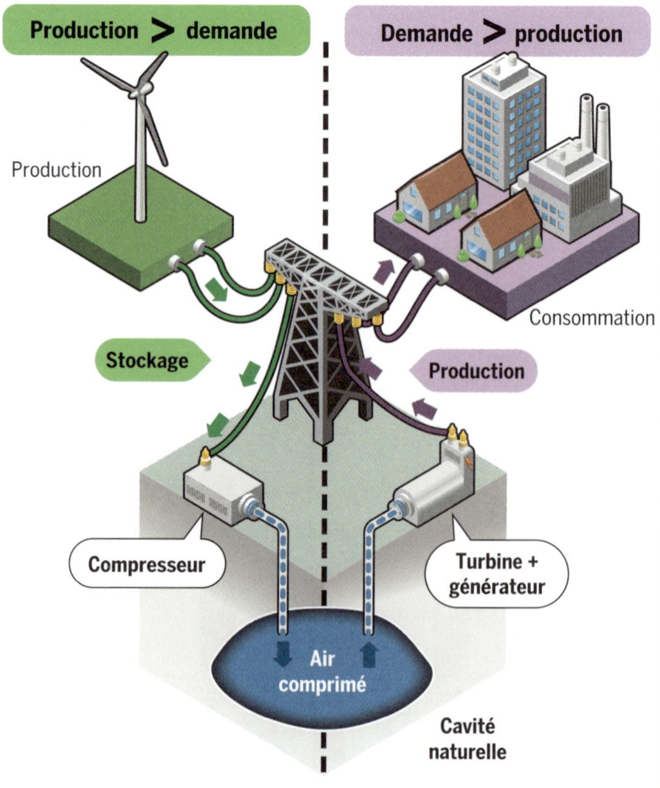

UNE HISTOIRE

Rêves d'hydrogène

Il y a quelques années, Jeremy Rifkin, prospectiviste étasunien à forte audience internationale, prédisait l'avènement de l'ère de l'hydrogène, révolution annoncée pour notre économie carbonée biberonnant aux énergies fossiles. L'hydrogène, confiné dans des réservoirs sous pression, alimenterait des véhicules, devenus électriques : en se combinant avec l'oxygène de l'air, ce gaz produit du courant, relâchant un peu d'eau. Les stations services rechargeraient ces « piles » à hydrogène. Ce gaz n'existant pas à l'état naturel sur Terre, il serait obtenu par le phénomène inverse : le passage d'un courant électrique dans l'eau, qui la décompose en hydrogène et oxygène, ses composants. Fabriquer de l'hydrogène serait donc un moyen de stocker l'électricité renouvelable, et d'un rendement correct. Rêve élégant, mais inaccessible pour un moment : il reste d'importants paliers techniques à franchir. Rendez-vous en 2040 ?

Les pistes de recherche

L'une des solutions consiste à utiliser le surplus d'électricité pour hisser de l'eau dans un lac de barrage, ou encore comprimer de l'air dans de grandes cavités souterraines. Ces fluides restituent de l'énergie plus tard, quand ils sont relâchés pour faire tourner des turbines électriques. Mais les vastes sites propices sont peu nombreux. Les méga-batteries électrochimiques, moins encombrantes, sont prometteuses car peu dépendantes de facteurs environnementaux Plusieurs familles sont en concurrence (sodium, nickel, lithium-ion, à flux...). Citons encore le stockage par conversion en énergie thermique ou chimique, sous forme d'hydrogène ou de méthane (voir ci-contre et p. 74).

La dimension économique du débat

Les idées ne manquent pas et plusieurs filières devraient se dégager, aux atouts complémentaires (puissance, facilité d'activation, etc.). Cependant, la plupart nécessitent d'importants progrès pour envisager un déploiement à grande échelle. C'est-à-dire à des coûts (pour les équipements de production et modules de stockage associés) qui maintiendront compétitive l'électricité renouvelable. La technique n'est pas la clef unique. En débat aussi, le modèle économique : comment évaluer et rétribuer le service rendu – aux producteurs, au réseau, à la collectivité – par un opérateur qui financera des installations de stockage ? De la réponse dépendra la mobilisation des investisseurs...

LE PRINCIPE DU STOCKAGE DE L'ÉLECTRICITÉ PAR POMPAGE TURBINAGE

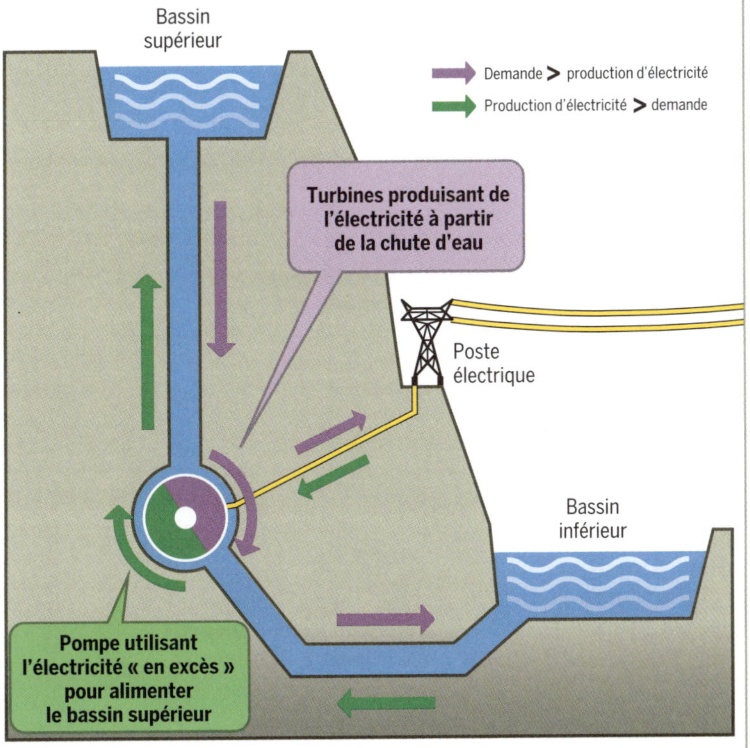

DONNER L'INTELLIGENCE AUX RÉSEAUX

UNE HISTOIRE

Du vent dans le gaz

Quand elle est excédentaire, l'électricité renouvelable peut aussi être stockée sous forme de méthane : elle déclenche la formation de ce gaz par une réaction chimique entre CO_2 et hydrogène (c'est la méthanation). Énorme avantage, ce « méthane renouvelable » sera distribué via le réseau gazier existant, ou sera stocké dans des cuves. Il pourra servir de carburant aux véhicules (la méthanation occupe une place de choix dans le scénario Négawatt, voir p. xxx), servir pour le chauffage, la chimie, etc. Brûlé dans un moteur à cogénération ou une turbine à gaz, ce méthane pourra aussi produire en retour de l'électricité si besoin.
La méthanation, passerelle entre les systèmes électrique et gazier, a de nombreux atouts pour être au cœur des réseaux intelligents de demain. Et son bilan CO_2 est neutre : les volumes rejetés dans l'atmosphère par combustion ont auparavant été séquestrés au moment de la synthèse du méthane.

Vers un changement de paradigme...

Longtemps l'électricité a circulé « du haut vers le bas » : les centrales produisaient en s'adaptant à la demande, paramètre extérieur conditionnant leur dimensionnement, la taille des câbles, le dessin du réseau, etc. Dans une telle configuration, pour faire face à un pic de demande ou à l'intermittence de la production éolienne, il faut acheter du courant sur le marché européen ou faire marcher des centrales d'appoint… à charbon. Mais cette pensée « verticale » est en cours de démolition, sous la forte pression de l'électricité renouvelable. La percée vient d'Allemagne, du Danemark et d'Espagne, dont le réseau est parfois alimenté à plus de 50 % par l'éolien et le solaire. Le stockage de l'électricité s'impose comme une nécessité fondamentale (voir p. 72 et ci-contre « Du vent dans le gaz »). Mais plus largement, c'est la gestion complète des réseaux électriques qui est en cours de révision : les réseaux de demain seront « intelligents » !

EXEMPLE DE GESTION D'UNE CENTRALE À RENOUVELABLE VIRTUELLE

En combinant les productions complémentaires des unités à biomasse, solaires, éoliennes et hydrauliques existantes, on parvient à couvrir toute la demande d'un bassin de population et parfois même exporter de l'électricité.
Étude « Kombikraftwerk » menée en Allemagne depuis 2006.

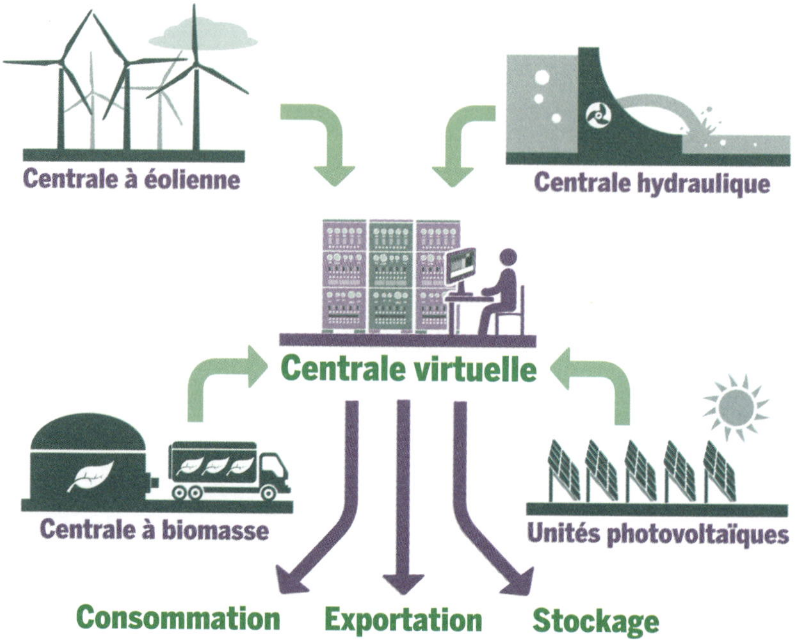

Sept idées fortes des « réseaux intelligents »

• **Accroître les interconnexions entre pays.** De cette manière, une journée de faible production éolienne en Languedoc sera plus facilement compensée par un coup de vent aux Pays-Bas. Sur un large territoire, le risque de voir les creux de production coïncider, au sein d'une même filière ou en considérant plusieurs d'entre elles, est quasi nul.

• **Co-gérer les productions renouvelables.** Les Allemands l'ont testé : sur plusieurs mois, l'association de centrales solaires, éoliennes et à biomasse dispersées sur une région équivaut, à peu près, à une grosse centrale « virtuelle » sans aléas, pilotable comme une centrale classique.

• **Agir sur la demande.** Grande nouveauté conceptuelle : les clients seront invités à contribuer à l'équilibre du réseau. Ainsi, ils pourront être rétribués pour limiter leurs usages électriques en cas de baisse de la production renouvelable.

• **« Cérébrer » les compteurs.** Les compteurs domestiques donneront accès au détail fin des consommations. Des expériences montrent que des clients ainsi sensibilisés économisent spontanément de 10 à 15 % d'électricité. Au-delà, grâce à ce boîtier programmable et intelligent, le foyer gèrera son approvisionnement électrique, choisissant son fournisseur au jour le jour (selon ses tarifs par exemple), consommant sa propre production photovoltaïque ou bien l'injectant sur le réseau si la rémunération est intéressante.

• **Développer les micro-réseaux.** Des quartiers urbains se constitueront en unités gérant, grâce à un organe de contrôle commun, la production d'électricité photovoltaïque des foyers : auto-consommation, injection sur le réseau, stockage local.

• **Truffer le réseau d'électronique.** Il sera ainsi surinformé sur son état et programmé pour réagir au mieux aux risques de déséquilibres, qu'ils proviennent de l'offre ou de la demande.

• **Stocker diffus.** Outre de classiques unités de stockage, les surplus de production d'électricité renouvelable seront dirigés vers les chauffe-eau électriques des bâtiments ou bien les batteries de voitures électriques. Ces dernières pourront de plus restituer l'énergie au réseau en cas de déficit. •

EXEMPLE DE PRODUCTION ET DE CONSOMMATION SUR UNE SEMAINE

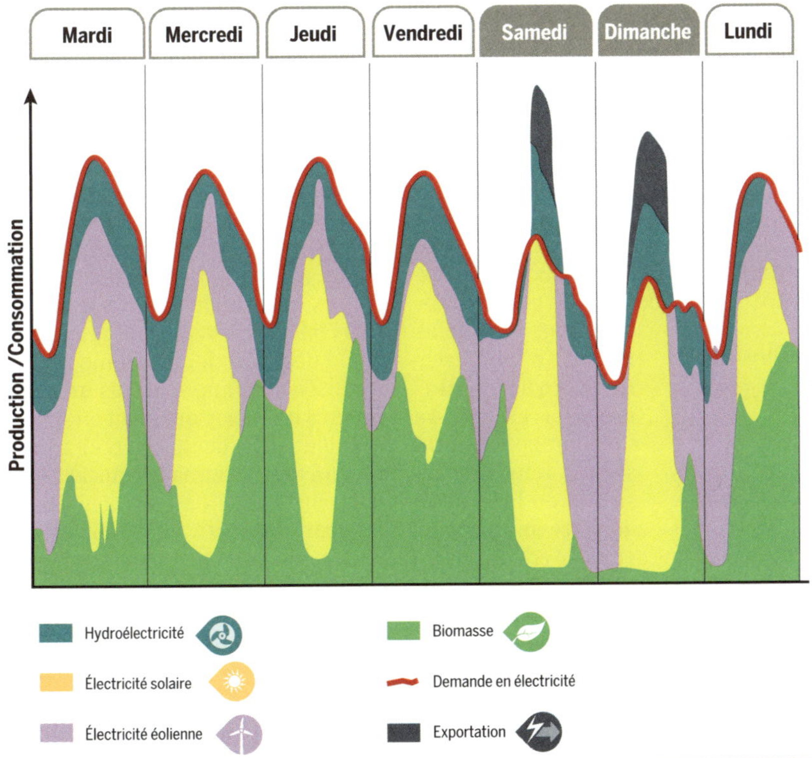

JEAN-FRANÇOIS RAUX
Délégué général de l'Union française de l'électricité (UFE)

On ne fait pas assez confiance au progrès technologique

Viser 100 % d'énergies renouvelables dans les systèmes électriques, ce n'est tout simplement pas possible aujourd'hui, dans l'état actuel des connaissances et du niveau de la demande. En Allemagne, le photovoltaïque produit moins de 1 000 heures par an à sa puissance maximale… Comment fait-on pour satisfaire la demande quand il n'y a pas de soleil ?

Nous avons parfois le sentiment que le débat sur la transition énergétique balance entre deux buts : l'élimination du nucléaire ou celle du CO_2. Il faut clarifier l'objectif. Pour nous, il s'agit de stabiliser le climat. Cependant, la variable principale du débat, dans notre approche, n'est pas le mode de production de l'électricité mais le niveau de la demande. Elle est liée à la démographie, à l'activité économique future, à la baisse de l'intensité énergétique – la quantité d'énergie nécessaire à la production d'un point de produit intérieur brut (PIB). C'est à cette demande qu'il faudra répondre, et à CO_2 minimum.

Nous envisageons bien sûr d'agir sur son niveau, principalement par le biais de gains sur l'intensité énergétique : elle a diminué de 30 % en 30 ans en France. Le défi consiste dès lors à prolonger l'effort au cours des deux à trois prochaines décennies. Et l'expérience montre que les gains en la matière découlent essentiellement des progrès technologiques, eux-mêmes liés à la croissance. Conclusion : la réindustrialisation de la France doit être une priorité.

> « Les renouvelables pourraient couvrir 40 % de la demande en 2030-2040. »

Et elle induira une demande croissante en électricité. Par ailleurs, il faudra favoriser toutes les évolutions qui œuvrent au recul du pétrole, prédominant dans l'économie, en particulier grâce à la montée en puissance de l'électricité pour le chauffage, les transports, les usages industriels… Comment produire cette électricité ? Nous nous projetons à l'horizon 2030-2040 – au-delà, il faudra prendre une décision majeure sur le remplacement du parc nucléaire actuel. Considérons la performance des filières : coûts et retombées économiques globales, sûreté d'approvisionnement pour le consommateur, réduction des émissions de CO_2. Au nom du meilleur compromis, il ne nous paraît pas de bon sens de fermer prématurément des centrales nucléaires qui fonctionnent correctement. À terme, nous estimons que cette filière peut couvrir 50 % de la demande. Et les renouvelables pourraient prendre 40 % de la part totale. Le reste serait constitué de centrales classiques utilisées entre autres pour pallier l'intermittence de l'éolien et du photovoltaïque. On a tendance aujourd'hui à faire des réseaux intelligents la clef de la réussite de la transition énergétique. Certes, il faudra inventer un nouveau système électrique, à la fois plus développé aux échelons locaux et européens. Mais je ne vois pas que l'on aille jusqu'à l'autonomie énergétique des quartiers… Je me méfie de la « pensée magique », je suis un adepte du progrès technologique, dont on sous-estime le potentiel. La donne pourrait changer du tout au tout si l'on savait stocker économiquement l'électricité. Mais pour cela, encore faudrait-il investir massivement, et nous manquons en France d'une stratégie industrielle à long terme. Elle aurait pu nous permettre, par exemple, de créer des filières, dans le photovoltaïque, les pompes à chaleur, etc., qui nous font défaut dans le défi de la transition énergétique. •

> « Je suis un adepte du progrès technologique. La donne changerait du tout au tout si l'on savait stocker économiquement l'électricité. »

CÉDRIC PHILIBERT
Analyste à la division énergies renouvelables de l'Agence internationale de l'énergie (AIE)

Vers une domination des énergies renouvelables

L'Agence internationale de l'énergie (AIE) s'est consacrée à scénariser les objectifs de la communauté internationale – une division par deux des émissions de CO_2 à l'horizon 2050. Elle n'a pas analysé l'hypothèse de systèmes « 100 % renouvelables ». Cependant, nos *Perspectives technologiques de l'énergie* apportent des éclairages. Ainsi, selon la progression du nucléaire et du stockage souterrain du CO_2, on voit les renouvelables prendre une place majeure à partir de 2050 – entre 65 et 80 % même dans la production d'électricité, où ces filières progressent rapidement.

Une autre étude, *Perspectives de l'énergie solaire* (2011), suppose une très forte croissance des usages de l'électricité, en raison de sa facilité d'utilisation et la polyvalence de ses usages, ce qui induit une promotion significative des renouvelables si l'on veut tenir les objectifs climatiques. Vers 2060, ces sources couvrent alors 90 % de la génération d'électricité, le reliquat étant assuré par des filières conventionnelles.

L'AIE ne fait pas d'hypothèses fortes de ralentissement « volontaire » de la croissance économique future, et donc de la demande globale. En revanche, nous prenons en considération de gros efforts d'efficacité énergétique. La montée des usages de l'électricité y contribue, entraînant une pénétration accrue des renouvelables.

Trop cher, entend-on souvent… Mais on fait toujours le calcul « dans le rétroviseur ». Le mégawattheure (MWh) photovoltaïque est actuellement à 400 euros en raison du coût moyen, entre 2007 et 2012, des modules solaires, des systèmes, des aides financières… Entretemps, la filière a divisé respectivement par 5 et 3 le coût des modules et des systèmes complets. Ainsi, en France, une centrale photovoltaïque a remporté un appel d'offre au prix de 85 €/MWh ! C'est encore supérieur au coût de production de centrales nucléaires ou au charbon déjà amorties, mais c'est à touche-touche avec des centrales conventionnelles neuves. Nos scénarios « haut niveau de renouvelables » ne coûteraient que 3 % de plus, sur 40 ans, que de prolonger le modèle énergétique actuel. La compétitivité n'est donc plus un souci de premier rang, d'autant que les renouvelables ont encore des marges de progression technologique. Et sans parler des gains sur le coût du capital, qui deviennent déterminants sur ces filières gourmandes en investissements. Ainsi, on emprunte à 3 % en Allemagne, mais à 10 % en Afrique du Sud.

> « À cause de la variabilité de l'électricité éolienne et photovoltaïque, certains jugeaient impossible d'en injecter plus de 2 % par an sur les réseaux. Aujourd'hui, des pays gèrent une fraction supérieure à 20 %. »

Quant à la gestion de la variabilité de l'électricité éolienne et photovoltaïque, elle semble tétaniser une partie du monde de l'énergie. Il y a peu, certains jugeaient impossible d'en injecter plus de 2 % par an sur les réseaux. Aujourd'hui, des pays gèrent une fraction supérieure à 20 %. L'impact de la variabilité peut être maîtrisé, avec le progrès des technologies éoliennes et photovoltaïques, des prévisions météorologiques, de la réactivité des marchés de l'électricité, des interconnexions du réseau, de la gestion de la demande. Et si nous prévoyons le quadruplement des capacités des stations de pompage-turbinage pour le stockage de l'électricité, c'est à mettre en rapport avec le potentiel en Europe, dix fois supérieur à celui des unités qui sont actuellement en service.

ANNEXES

QUELQUES DÉFINITIONS UTILES

- **Énergie primaire :**
L'énergie primaire est celle qui est obtenue à partir de la source : bois, rayonnement solaire, pétrole, gaz, charbon, uranium, etc. L'énergie primaire est donc l'énergie directement prélevée dans la nature.

- **Énergie finale :**
L'énergie finale est celle qui est rendue disponible, à partir d'une source d'énergie primaire, pour divers usages : c'est par exemple l'énergie issue de la combustion de l'essence (source d'énergie primaire : le pétrole) ou l'énergie électrique (source d'énergie primaire : le gaz, l'uranium, le rayonnement solaire, etc.).

- **Puissance :**
La puissance est la quantité d'énergie que produit un dispositif par unité de temps. Elle mesure la capacité d'une installation à produire de l'énergie. Par exemple, une éolienne d'une puissance nominale de 3 MW produira une quantité d'énergie électrique correspondant à 3 MWh en une heure si elle tourne à son régime optimal.

- **Rendement :**
Le rendement est la performance énergétique d'un processus. Par exemple, de la centrale au consommateur, la filière nucléaire convertit en électricité 35 % de l'énergie atomique potentielle de l'uranium. Le reste est dissipé en chaleur, en perte dans les lignes de transport, etc.
Le rendement de cette filière est donc de 35 %.

POUR SE REPÉRER DANS LE MAQUIS DES UNITÉS DE MESURE

LES MULTIPLES DES UNITÉS DE MESURE

Les multiples des unités de mesure sont désignés par des préfixes : kilo (K) = 10^3 = 1000 ;
méga (M) = 10^6 = un million ;
giga (G) = 10^9 = un milliard ;
téra (T) = 10^{12} = mille milliards ;
péta (P) = 10^{15} = un million de milliards.
Par exemple : 1 KWh = 1000 Wh ;
1 MW = 1 000 000 W ; 1 Gtep = 1 000 000 000 tep ;
1 TJ = 1 000 000 000 000 J.

LES UNITÉS DE MESURE DE L'ÉNERGIE

Le Joule (J)
Le joule est l'unité officielle de mesure pour l'énergie. Adaptée à certains domaines de la physique, elle n'est pas employée par les énergéticiens, qui lui préfèrent le wattheure (Wh) ou la tonne équivalent pétrole (tep) et leur multiples.

Le wattheure (Wh)
Un wattheure est l'énergie produite par une installation d'une puissance de 1 W pendant une heure. Pour mémoire, 1 000 J = 0,28 kWh (280 wattheures) et 1 Wh = 3 600 J. Pour donner un ordre d'idées, un foyer français consomme environ 1 000 kWh (1 million de wattheures) par personne et par an en électricité chauffage non compris.
La consommation annuelle française d'électricité est proche de 450 TWh (450 000 milliards de wattheures).

La tonne équivalent pétrole (tep)
Comme son nom ne l'indique pas forcément, la tonne équivalent pétrole est une unité d'énergie.
Elle sert à rapporter au « roi pétrole » la valeur énergétique des autres sources d'énergie primaire, afin d'établir des bilans consolidés. Une tonne équivalent pétrole est la quantité d'énergie contenue dans une tonne de pétrole brut.
Conversion : 1 tep = 11,63 MWh (11 630 000 Wh).
Ainsi, une tonne de bois livre 0,32 tep d'énergie.

L'UNITÉ DE MESURE DE LA PUISSANCE

Le watt (W)
Le watt est l'unité officielle pour la puissance.
Une puissance d'un watt correspondant à une production d'énergie d'un joule par seconde.
C'est une petite quantité pour les sujets qui intéressent cet ouvrage : 10 W représentent la puissance électrique d'une lampe basse consommation. Aussi utilise-t-on des multiples du watt : kilowatt (mille, kW),
mégawatt (un million, MW),
gigawatt (un milliard, GW),
térawatt (mille milliards, TW),
pétawatt (un million de milliards, PW).

INDEX

INDEX

IMPRIM'VERT®

Imprimé en France par Chirat – 42540 Saint-Just-la-Pendue
N° d'imprimeur : 201408.0057 - Dépôt légal : septembre 2014
N° d'édition : 70118314-01

LABRUGUIÈRE • LE ROND POINT •